深部煤矿采动响应与灾害防控国家重点实验室开放基金重点课题
（SKLMRDPC21KF01）资助
国家自然科学基金面上项目（51874109、52478223）资助
国家自然科学基金地区科学基金（51764010）资助
江苏高校优势学科建设工程项目（PAPD）资助

高应力破碎软岩巷道围岩稳定性控制理论与工程实践

严 红 徐佑林 李生亚
李 贤 李 明 朱付强 著

中国矿业大学出版社
·徐州·

内 容 提 要

本书是系统论述高应力破碎软岩巷道围岩变形特征、控制理论与技术的学术著作。主要内容包括：高应力破碎软岩巷道围岩变形破坏特征、控制方法与原理、关键参数优化研究和典型工程实践案例。

本书可供从事采矿工程领域的科研、工程技术人员参考，亦可作为普通高等学校采矿工程及相关专业研究生、本科生的参考书。

图书在版编目(CIP)数据

高应力破碎软岩巷道围岩稳定性控制理论与工程实践 / 严红等著. — 徐州 ：中国矿业大学出版社，2025. 6.

ISBN 978-7-5646-6694-1

Ⅰ. TD263. 5

中国国家版本馆 CIP 数据核字第 2025JC0840 号

书　　名　高应力破碎软岩巷道围岩稳定性控制理论与工程实践

著　　者　严　红　徐佑林　李生亚　李　贤　李　明　朱付强

责任编辑　马晓彦

出版发行　中国矿业大学出版社有限责任公司

（江苏省徐州市解放南路　邮编 221008）

营销热线　(0516)83885370　83884103

出版服务　(0516)83995789　83884920

网　　址　http://www.cumtp.com　**E-mail**:cumtpvip@cumtp.com

印　　刷　江苏凤凰数码印务有限公司

开　　本　787 mm×1092 mm　1/16　**印张** 11　**字数** 210 千字

版次印次　2025 年 6 月第 1 版　2025 年 6 月第 1 次印刷

定　　价　49.00 元

前　言

随着煤炭资源的大规模开发，开采强度和开采深度的逐年增大，复杂生产地质条件下开采的矿井与巷道日趋增多，其中深部高应力作用和强动压影响下的破碎软岩巷道围岩稳定性控制难度大，主要问题包括：断面大、服务时间长、围岩强度低，深部高应力或强动压作用下围岩变形剧烈甚至失稳破坏，现场巷道维护异常困难，呈现“前掘后修”“边掘边修”“反复维修”等返修现象。一方面易导致高应力破碎软岩巷道井下作业环境差、支护和返修成本高，矿井采掘衔接紧张；另一方面更易严重危及作业人员安全。因此，高应力破碎软岩巷道围岩稳定性控制具有重要的研究意义和实践应用价值。

本书围绕高应力破碎软岩巷道围岩稳定性控制理论与工程实践开展了较深入的研究，内容涵盖高应力破碎软岩巷道围岩变形破坏特征、内外承载体环形协同控制理论、控制方案关键参数优化研究和典型工程实践案例等。

本书共分为5章，第1章主要阐述了高应力破碎软岩巷道围岩稳定性控制相关的研究背景和研究意义；第2章调研并模拟分析了典型高应力破碎软岩巷道围岩位移和应力场分布特征；第3章理论分析了高应力破碎软岩巷道围岩内外承载体环形协同作用机理；第4章优化了高应力破碎软岩巷道围岩稳定控制方案关键参数；第5章介绍了深部高应力和强动压影响条件下破碎软岩巷道典型工程实践案例。

在本书编写过程中，中国矿业大学李桂臣教授、李冲教授、张强教授、季明副教授、冯晓巍副教授、张源副教授，贵州理工学院周波正高级工程师、郑伟副教授、周泽副教授等给予了指导和帮助；研究生吴少康、冯国力、吴林、范茂林，以及现场技术人员孟辉、裴晖、韩鹏飞、邓飞等参与了部分章节的写作工作，在此谨向他们致以衷心的感谢！

本书中工程实践得到了山西焦煤汾西矿业（集团）有限责任公司、山西汾西矿业集团水峪煤业有限责任公司、盘州市打牛厂煤业有限公司现场有关领导及工程技术人员的大力支持和热情帮助，在此向他们表示诚挚谢意！本书还引用了国内外大量的文献资料，对这些专家和学者深表感谢！

本书出版得到深部煤矿采动响应与灾害防控国家重点实验室开放基金重点课题（SKLMRDPC21KF01）、国家自然科学基金面上项目（51874109、52478223）、国家自然科学基金地区科学基金（51764010）和江苏高校优势学科建设工程项目（PAPD）的联合资助。

由于作者水平和学识所限，书中难免存在疏漏之处，恳请专家和读者批评指正。

著 者

2025 年 1 月

目　录

1 绪　论

1.1 研究背景与意义

1.1.1 研究背景

煤炭是保障我国经济快速发展的重要能源之一，长久以来其在能源消费结构中一直占据主体地位。以 2024 年为例，我国原煤产量达到 47.8 亿 t，在整个能源消费中，煤炭消费量占比约为 55%。随着煤炭资源的大规模开发，开采强度和开采深度逐年增大，复杂生产地质条件下开采的矿井与巷道日趋增多。我国煤矿巷道量大面广，且生产地质条件复杂多变，其中深部高应力作用和强动压影响下破碎软岩巷道普遍面临围岩大变形破坏失稳和高成本的频繁返修问题，相应的，高应力破碎软岩巷道稳定性控制难题影响着类似矿井的生产与安全。

在深部高应力破碎软岩巷道围岩变形特征和控制方面：目前的煤矿开采深度正以年均 8～12 m 的速度增加，东部地区矿井以每 10 年 100～250 m 的速度发展。深部高应力作用易导致巷道围岩变形剧烈，尤其是在矿井开采深度增大和巷道穿煤泥岩复合岩层条件下，高应力和破碎软岩复杂条件叠加易导致巷道围岩变形量急剧增大，维护异常困难，而针对大变形或已大范围破坏的巷道进行加固整修不仅工程量大，而且会严重影响生产或采掘衔接。另外，当复杂高应力作用下巷道或硐室群近距离布置更易导致掘进和返修过程的相互影响或受其他地质构造影响时，高应力破碎软岩大巷围岩出现大变形破坏的频率更高且更剧烈。

在强动压破碎软岩巷道围岩变形特征和控制方面：随着地下工程不断发展，强动压破碎软岩巷道围岩控制问题也日益凸显，成为制约矿山安全高效开采的关键因素之一。强动压破碎软岩巷道围岩变形和破坏涉及岩石力学性质、地质构造、开采扰动等多种因素影响。同时强动压破碎软岩巷道围岩具有强度低、变形大、稳定性差等特点。传统支护技术难以有效控制围岩变形和破坏，导致巷道支护成本增加、维护难度加大，甚至影响整个工程的正常运行。

山西汾西矿业集团水峪煤业有限责任公司（简称“水峪煤业”）隶属于山西焦煤汾西矿业（集团）有限责任公司，矿井证载井田面积为48.784 3 km^2。矿井为斜井开拓，所采煤层为石炭系太原组9#、10＋11#煤层，其中9#煤层平均厚度为1.47 m，10＋11#煤层为合并层，上距9#煤层平均0.8 m，平均厚度为7.26 m，矿井现布置有六采区、八采区、十采区三个采区。十采区位于水峪煤业井田东部，采区东北部与十四采区相接，东南部为曙光井田，西部为正旺煤业井田，南部与十一采区相接，北邻正令煤业井田；东西长约4 km，南北宽约2.35 km，面积为8.46 km^2；采区内2#煤层全区稳定可采。

水峪煤业十采区运输巷主要用于十采区工作面煤炭运输、行人和通风，十采区运输巷在2#煤层中掘进，巷道掘进断面为矩形，宽×高为5 m×3.2 m，采用锚网喷支护。2#煤层平均厚度为2.25 m，煤层结构复杂，煤层倾角为5°～15°，平均倾角为10°，为半煤岩巷道；直接顶为厚1.6 m的砂质泥岩，节理发育，基本顶为厚4.7 m的中砂岩，厚层状坚硬，直接底为厚0.6 m的泥岩，基本底为厚2.22 m的砂质泥岩；2#煤层平均埋深超过700 m。十采区运输巷煤岩层综合柱状如图1-1所示。

归纳起来，十采区深部高应力软岩巷道面临的关键难题包括以下几个方面。

（1）深部单斜构造作用。运输巷平均埋深为700 m，原岩应力大；处于走向北东、倾向南东的单斜构造区，水平应力对巷道的影响显著；在水平应力和垂直应力总体较大的情况下，巷道围岩呈现非对称性破坏特征。

（2）软弱煤岩层岩性影响。运输巷为半煤岩帮且煤层强度低，直接底、基本底和直接顶分别为泥岩、砂质泥岩和砂质泥岩，整体岩层性质较软弱，在高应力作用下易导致顶板破碎和离层发育，从而造成巷道围岩整体变形。

（3）支护结构不合理。顶帮采用高强度锚杆（索）支护，一方面，底板未进行支护，易导致严重底鼓，并影响帮和顶的分阶段破坏；另一方面，顶帮围岩破碎区范围大，煤岩层整体较软，锚杆（索）承载能力难以有效抵抗围岩的强烈变形破坏。

（4）硐室和大巷群掘修扰动作用。硐室群和大巷包括水仓、变电所、运

厚度/m	柱状	层号	岩石名称	岩性描述
5.30	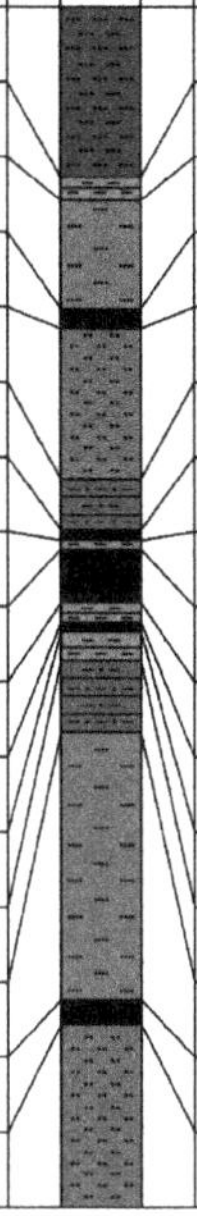	16	细粒砂岩	灰色，胶结较硬，含有机条带，夹中粒砂岩薄层
0.70		15	泥岩	深灰色，块状，含植物碎片化石
3.40		14	粉砂岩	褐灰色，中厚层状，具裂隙，半坚硬
0.60		13	$1^{\#}$煤	黑色，暗淡型煤
4.70		12	中粒砂岩	灰色，中厚层状，水平层理，成分以石英、长石为主，夹少量暗色矿物
1.60		11	砂质泥岩	中厚层状，块状，含植物化石碎片，性脆，方解石填充
0.30		10	$2^{\#}_{上}$煤	黑色，半亮型煤
0.30		9	泥岩	黑色，块状，含植物化石碎片，质均，性脆，松软
1.65		8	$2^{\#}$煤	黑色，半亮型煤
0.60		7	泥岩	深灰色，水平层理，含植物叶片化石
0.30		6	$2^{\#}_{下}$煤	黑色，碎块状，半亮型煤
0.90		5	泥岩	深灰色，水平层理
2.22		4	砂质泥岩	深灰色，水平层理，含植物碎片化石及菱铁质，夹粉砂薄层
8.32		3	粉砂岩	灰色，硬度大
0.76		2	$3^{\#}$煤	黑色，碎块状，半亮型煤
5.70		1	中粒砂岩	灰色，厚层状，均匀层理，成分以石英、长石为主，含少量暗色矿物及白云母碎片

图 1-1　十采区运输巷煤岩层综合柱状图

输巷、回风大巷和轨道大巷。其中运输巷与回风大巷和轨道大巷间距小，邻近的硐室和大巷群的掘进或返修对运输巷围岩的稳定性影响较大，尤其是在煤岩岩性较软、原岩应力大、支护结构不合理的情况下影响则更为显著。

盘州市打牛厂煤业有限公司（简称“打牛厂煤业”）隶属中国纸业投资有限公司，矿井设计生产能力为 0.9 Mt/a。1570 轨道石门设计使用年限为 5 a，埋深为 230～345 m，以粉砂岩、细砂岩、泥岩为主，强度低。1570 轨道石门附近巷道密集，大量的巷道开挖导致该巷道群区域应力分布复杂，巷道与巷道之间相互影响，巷道交叉口众多，使得巷道围岩维护困难。1570 轨道石门附近存在 11224、11151 工作面，在工作面的反复扰动过程中，巷道围岩破碎、强度低、对应力扰动敏感。采用的“U 型钢支架＋喷射混凝土”联合支护形式在经历多次返修后巷道断面仍严重内缩，巷道“前掘后修”“边掘边修”“反复维修”等现象频频发生，巷道支护极其困难，仅维修费用就在 2 万～3 万元/m，严重影响作业人员安全和矿井高产高效生产。

1.1.2 研究意义

本书在总结前人研究工作的基础上，以高应力破碎软岩巷道为研究对象，结合深部和强动压作用下高应力破碎软岩两种类型，综合运用现场调研、力学计算、数值模拟、理论分析及现场试验等方法，主要对高应力破碎软岩巷道围岩位移和应力分布特征、高应力破碎软岩巷道围岩内外承载体环形协同作用机理、高应力破碎软岩巷道围岩稳定控制的关键参数等内容开展系列研究，并在现场进行工程实践验证，取得了良好的经济和社会效益。研究成果的运用有效解决了高应力破碎软岩巷道围岩稳定性控制关键技术问题，消除了高应力破碎软岩巷道恶性冒顶及垮帮事故，避免了巷道围岩的多次返修，减轻了井下工人的劳动强度，大幅度改善了作业环境，提高了作业人员的劳动积极性。该研究成果对高应力破碎软岩巷道围岩稳定性控制具有重要参考价值，且具有一定的推广应用前景。

1.2 国内外研究现状

1.2.1 高应力巷道围岩变形特征及控制技术研究现状

国内外学者围绕深部和强动压作用下高应力巷道围岩变形特征和控制技术开展了大量研究。国内学者提出围岩变形和控制理论，包括松动圈理论、高预应力支护理论、协同支护理论等；同时，不断结合具体现场工程生产地质条件，开展了高应力巷道围岩变形特征及控制技术研究。

康红普等分析深部高应力巷道围岩构造应力场特征，提出优化巷道断面形状、采用巷道支护成套技术等控制方法；针对煤矿千米软岩强采动巷道围岩大变形难题，使用数值模拟揭示围岩大变形机制，针对性地提出巷道支护-改性-卸压协同控制技术，并取得显著效果。王卫军等认为随深部巷道掘进，应力达到平衡的过程中围岩持续变形，在围岩控制上需要考虑围岩变形量，并在此基础上围绕深部巷道提出“给定变形”概念及其相应的控制原则，可更有效地控制围岩变形，降低支护结构破坏。李鹏、朱柳、辛亚军等通过对典型深部巷道围岩矿压显现特征的深入分析，得出高应力环境、围岩性质、支护结构不合理等因素导致塑性破坏区范围大是造成巷道围岩破坏的主要原因之一，且岩层拉剪破坏是主要破坏形式。

严红、王沉、Xie、唐芙蓉等在深入分析典型深部高应力巷道围岩破坏特征的基础上，综合确定高应力是巷道围岩大变形的主要原因，并在此基础上结合具体巷道的工程地质条件，提出了相应的控制方法。左建平等分析得出，随着埋深的增加，巷道支护方式经历了从被动支护、主动支护、强主动支护至强被动支护的发展过程，并在此基础上进一步提出了深部煤矿巷道等强支护力学理论，且基于该理论，提出了包括钻孔卸压、纳米基注浆加固、钢管混凝土支架支护等技术措施。高富强等分析了深部巷道破坏过程的数值模拟方法，综合模拟研究得出随着深部巷道掘进，围岩裂隙持续显著发展并影响支护范围围岩变形和控制结构的稳定性。

谢生荣等研究了高应力和渗透压复杂因素组合影响下巷道围岩的变形特征，并提出了注浆加固拱、锚杆承压拱和钢筋网喷层拱组合技术。侯朝炯针对深部巷道底鼓问题，提出通过时间上的一次和二次支护、围岩结构上的优化帮底角控制方法和底板加固技术，保障巷道底板的稳定。柏建彪等针对深部高应力巷道塑性区和破碎区范围大，以及顶帮底变形过程中相互影响等问题，提出提高围岩强度、减小围岩应力、采用合理的锚杆支护技术的控制方法。袁亮等针对淮南矿区深部巷道破坏特征，提出了围岩性质强化、围岩加固和应力转移等控制方法。康永水等利用深部高应力巷道呈现出强烈非线性力学现象的特点，得出针对破坏关键体进行控制的原则，并提出分步联合支护的控制方法。

围绕深部巷道围岩碎裂大变形的问题，Pan 等提出注浆锚杆支护，Jiao 等提出了包括改进的 U 型钢支架、支架壁后化学注浆充填、双层加固板等成套控制技术。

孟庆彬等利用地质力学测试技术掌握破碎软岩巷道破坏特征，辅以数值模拟揭示其破坏机制，采用分布联合支护方法有效防治破碎软岩巷道大变形。姜耀东等通过分析高强度和高预紧力锚杆、强力锚索、金属网、喷浆及 U 型钢在控制围岩变形中的互补作用，有效提出了互补控制综合支护方案。徐佑林等通过研发高韧性水泥基材料置换破碎岩体，同时，采取一定的卸压手段对巷道进行联合支护，现场取得了一定效果。Zhan 等对埋深 1 336 m 的软岩巷道进行数值模拟和理论分析，得出失稳机制是多因素耦合的结果。在原支护的基础上，采用柔性、高性能锚杆支护，控制围岩变形的同时降低了支护成本。Tian 等针对受沉积影响的破碎软岩巷道持续变形问题，提出了“预注浆＋锚网喷混凝土＋倒拱结构＋U 型钢＋高低压深浅孔加固注浆”

的耦合支护方案,有效保证了巷道稳定性及安全性。姜鹏飞等对千米深井软岩大巷围岩大变形提出锚架充协同控制技术,使用数值模拟及理论分析得出其支护技术原理,形成了材料-设备-系统一体化的支护技术,有效控制了围岩大变形。

1.2.2 约束混凝土支架支护研究现状

随着埋深的增加和开采强度的增大,高应力破碎软岩巷道稳定性控制难度大,常规锚网喷支护已经很难满足巷道围岩稳定性控制要求,而约束混凝土支架中的钢管由于混凝土的存在,刚度大幅度增强,国内外学者围绕高应力巷道钢管混凝土支架结构参数和现场应用试验开展了相关研究,如图 1-2 所示。

图 1-2 约束混凝土支架试验

钢管混凝土支架主要用于控制困难的复杂巷道,包括存在深井高应力、软岩、强烈采动等情况的巷道。Jiang 等结合全尺寸试验测试方法,综合比较了钢管混凝土支架和 U 型钢支架力学性能,得出钢管混凝土支架极限承载能力是 U 型钢支架的 2 倍,在此基础上将钢管混凝土支架在典型深部巷道进行了工业性试验。黄万朋等分析了华丰煤矿典型千米深井大埋深巷道呈现的非对称大变形和围岩长期蠕变特征,得出深部高水平应力是围岩大变形的关键因素之一,并在此基础上提出了以锚网喷支护为基础,钢管混凝土支架二次补强与关键变形部位补偿控制技术。

刘柯铭等分析了清水营煤矿典型水仓强膨胀性软弱围岩性质特征,提出了锚网索喷和钢管混凝土支架的联合控制方式,较好地控制了大断面软弱巷道的变形。张晓楠、刘国磊、王军等开展了拱架圆弧拱构件承载试验,得出钢管混凝土支架整体承载力高,并综合比较了钢管混凝土支架和工字钢的承载效果。单仁亮、Liu、Lu 等采用 ABAQUS 软件模拟钢管混凝土受压破坏的整体过程,得出钢管混凝土支架由联合承压至内部混凝土受压破坏,并逐级破坏影响整体结构强度的过程。李学彬等模拟分析得出钢管混凝土支架变形的各个阶段,且认为随着巷道围岩垂向压力的增大,钢管混凝土支架的支护反力呈现典型加载曲线变化。

刘国磊分析了巷道承压环强化支护理论,结合围岩强度特征,提出了不同的承压环强化方式和范围。高延法等针对华丰煤矿－1 100 m 水平大巷、中央泵房、风井联络巷等复杂大巷和硐室变形量大、变形持续时间长、围岩应力高的问题,进行了钢管混凝土支架工业性试验研究,巷道围岩和硐室变形得到明显控制,取得了较好的控制效果。王军等针对清水营煤矿深部软岩巷道交叉点围岩大变形破坏特征,设计了钢管混凝土支架组合支护结构,主要包括封闭式门式支撑架和开口式搭接支撑架,并进行了工业性试验,围岩控制效果良好。

孔祥松等针对南关煤矿软岩大巷大变形工程问题,模拟分析钢管混凝土支架变形特征,得出:围岩高应力作用下帮部大变形导致顶板破坏,也易导致钢管混凝土支架整体控制作用减弱和围岩结构失效。Zuo 等针对深部巷道钢管混凝土支架和锚杆索联合支护过程中存在的参数不匹配问题,分析得出可通过改变锚杆索的预紧力来改善钢管混凝土的受力状态,模拟研究得出锚杆预紧力为 60 kN、锚索预紧力为 100 kN 时整体控制效果可达到最佳。Xie 等针对邢东矿 1 200 m 埋深巷道围岩破坏和支护失效情况,提出了高强度锚杆、钢管混凝土支架、全断面喷浆和全断面深孔注浆联合控制技术,并进行了现场试验。

1.2.3 注浆锚索支护研究现状

随着开采深度的不断加大、破碎软岩巷道数量的大幅度增加和注浆锚索支护技术的发展，矿业科技工作者围绕注浆锚索作用机理、注浆锚索对围岩力学参数的影响、深部巷道锚注联合支护技术应用等方面开展了大量的研究工作。

张占等通过分析普通锚索和预应力全长注浆锚索对动压影响和非动压影响巷道的支护效果，得出预应力全长注浆锚索对复合顶板的控制效果更好。杨秀章等采用 $FLAC^{3D}$ 软件对 5 个软岩巷道支护优化方案进行模拟分析，得出采用锚注支护时，注浆锚索的控制效果明显优于注浆锚杆，并提出了合理的支护方案。

李文洲、袁超等通过对松软、破碎围岩破坏进行分析和研究，分别提出了“高压锚注＋喷浆”协同支护理念和“锚网喷＋注浆锚索”分步联合巷修技术，并进行了现场工业试验，有效控制了松软、破碎围岩变形，保证了巷道围岩的稳定性。赵伟等针对大埋深矿井泵房和变电所受断层影响导致的围岩变形，提出了“高强支护＋注浆锚索”联合支护技术，并得出注浆锚索能够有效控制破碎围岩的进一步发展。

赵呈星等分析了信湖煤矿回风石门的围岩破坏机制，采用了“喷浆＋注浆锚杆(索)＋普通锚杆(索)”支护结构，开展了现场试验，并进行了效果验证。齐红霞等通过对中兴煤业 3203 运输巷沿空留巷开展围岩应力和位移变化研究，提出了水力压裂和注浆锚索联合控制技术，并进行了现场工业性试验。

谢龙、张爱军等以寸草塔二矿 31204 工作面和王庄煤矿 8105 工作面为工程背景，对超前动压段巷道破坏特征进行分析研究，探讨了不同注浆参数对浆液扩散的影响，得出注浆扩散半径与压力和时间呈正相关关系，同时注浆锚索间排距影响着注浆加固圈范围及厚度，并成功使用注浆锚索替代了传统单体补强支护，有效控制了巷道变形，提高了巷道的稳定性，降低了工人劳动强度。

综上所述，国内外学者围绕高应力巷道围岩变形特征、约束混凝土支架、注浆锚索支护等开展了大量研究，尤其在高应力巷道围岩稳定性控制方面，围绕约束混凝土支架支护技术的理论和工程应用开展了相关研究。然而，对于高应力破碎软岩巷道围岩变形特征和控制技术方面的研究较少。

1.3 主要内容

本书在总结前人研究工作的基础上，以高应力破碎软岩巷道为研究对象，采用现场调研、力学计算、数值模拟、理论分析及现场试验等综合研究方法，主要对高应力破碎软岩巷道围岩破坏特征、内外承载体环形协同控制机理、关键参数优化、工程应用实践等开展系列研究，主要研究内容如下。

(1) 高应力破碎软岩巷道围岩应力和位移特征

深入调研分析水峪煤业和打牛厂煤业高应力破碎软岩巷道围岩大变形区域的维护特点和矿压显现特点；采用数值计算软件分析深部向斜底部构造应力和强采动高应力影响下破碎软岩巷道围岩应力场和位移场变化特征。

(2) 内外承载体环形协同控制技术对高应力破碎软岩巷道围岩控制机制

研发适用于高应力破碎软岩巷道的内外承载体环形协同控制技术，分析高应力巷道约束混凝土支架和注浆锚索的作用原理，建立高应力破碎软岩巷道内外承载体力学计算模型，分析巷道围岩塑性区半径随内外承载结构协同作用时间的变化特征，揭示内外承载体环形协同控制技术对高应力破碎软岩巷道围岩稳定性的控制机制。

(3) 高应力破碎软岩巷道内外承载体环形协同控制关键技术参数优化

建立高应力破碎软岩巷道内外承载数值计算模型，综合高应力破碎软岩巷道围岩变形特征，模拟优化确定约束混凝土支架排距、约束混凝土支架直径、注浆压力等关键技术参数，并在此基础上模拟得出内外承载体环形协同控制技术对高应力破碎软岩巷道围岩的控制效果。

(4) 高应力破碎软岩巷道内外承载体环形协同控制工程试验和效果评估

设计一套以约束混凝土支架和注浆锚索锚注协同技术为核心的高应力破碎软岩巷道围岩控制方案，优化确定内外承载体环形协同控制技术参数，设计较完整的施工工艺；分别在水峪煤业和打牛厂煤业进行工程应用，分析实施效果，验证技术的可行性。

2 高应力破碎软岩巷道围岩变形和应力特征

2.1 井田地质构造与煤层煤质

2.1.1 水峪煤业基本概况

水峪煤业隶属于山西焦煤汾西矿业(集团)有限责任公司,位于山西省孝义市境内。矿区面积为48.784 3 km^2,矿井核定生产能力为4.00 Mt/a,采用斜井开拓方式,为高瓦斯突出矿井;现采煤层为2^#^、9^#^、10+11^#^,采煤工艺为综采一次采全高、综采放顶煤,矿井现主要生产采区为六采区、八采区和十采区,其中六采区、八采区开采9^#^、10+11^#^煤层,十采区开采2^#^煤层。瓦斯等级为高瓦斯矿井,水文地质类型为中等,煤的自燃倾向性为自燃。

2.1.2 水峪煤业井田地质构造

井田内地质构造形态总体以走向南北、倾向东的单斜构造为主,其中次一级褶皱发育,使地层呈波状起伏状,构造复杂程度中等。

2.1.2.1 *褶曲*

井田内褶皱构造较发育。由于地层倾角较平缓,在露头的个别地段可见到褶曲的基本形态,一般不易观察到,但在主要煤层底板等高线图上则反映清楚。

水峪区发育的郝家寨背斜及向斜,两翼倾角一般为5°~13°,兑镇背斜倾角一般为5°~7°;恭家园向斜倾角一般为6°~10°;茹来背斜倾角一般为5°~13°;黑坡沟向斜倾角一般为6°~9°;旺家垣区偏店背斜的南东翼地层倾角一般为11°左右,北西翼地层倾角一般为8°左右;偏店向斜两翼倾角一般为5°~10°;宜兴区前驿马向斜南东翼地层倾角一般为5°~10°,北西翼地层倾角一般为8°～20°。宜兴区北东以单斜构造为主，地层倾角一般为5°～13°。除主要褶曲外，尚发育有次一级较小的短轴褶曲，次级褶曲延展长度较小。

2.1.2.2 断层

(1) 水峪区、旺家垣区

据水峪煤业资源地质部断层地质构造台账可知：水峪区、旺家垣区揭露141条断层，裂隙伴随断层两盘发育，其中落差 $H \geqslant 5$ m的断层有20条；断层以高角度正断层为主，逆断层有35条。

偏店断层F58延伸到六采区大巷，该断层下盘附近有一条宽约50 m的急倾斜破坏带，旺-$23^{\#}$孔打在急倾斜破坏带中山西组缺失约25 m，断层往北延至高阳井田，往南延伸进入交子里井田，在矿区走向长度达10.5 km。

(2) 宜兴区

据水峪煤业资源地质部断层地质构造台账可知：宜兴区揭露45条断层，其中落差 $H \geqslant 5$ m的断层有21条；断层多以高角度正断层为主，其中逆断层仅1条，断层落差小。

另外，宜兴区物探断层32条，断层面擦痕明显，有平移错动现象，呈现扭动性质。断层基本上为张扭性断裂或压扭性断裂，其应力场特征与区域应力场特征相似。

综上所述，井田构造为褶曲组合构造，地层走向因褶曲而变化，大部分区域地层倾角较平缓，局部变陡，小断层较发育。

2.1.3 水峪煤业煤层条件

2.1.3.1 含煤地层

井田内主要含煤地层有二叠系下统山西组和石炭系上统太原组。

(1) 二叠系下统山西组(P_1s)

区内主要含煤地层之一。地层厚度为31.82～59.52 m，平均厚度为42.31 m，主要由灰黑色泥岩、褐灰色粉砂岩、含大量菱铁质鲕粒及岩屑的石英砂岩、泥岩和煤层组成。岩性变化较大，下部多为砂岩、泥岩，泥岩中常夹有菱铁矿结核，风化后成为铁锈色。含煤7层，煤层编号由上而下为$1^{\#}_{上}$、$1^{\#}$、$1^{\#}_{下}$、$2^{\#}$、$2^{\#}_{下}$、$3^{\#}_{上}$、$3^{\#}$，其中$2^{\#}$煤层为稳定大部分可采煤层，$3^{\#}$煤层为不稳定局部可采煤层，其余煤层为零星可采或不可采煤层。底部为褐灰色细粒岩屑石英砂岩(K_7)，与下伏地层整合接触。

(2) 石炭系上统太原组(C_3t)

区内主要含煤地层之一。地层厚度为 85.88～106.96 m，平均厚度为 102.60 m，主要由灰白、灰黑、黑色泥岩、砂质泥岩、粉砂岩，浅灰色岩屑石英砂岩，深灰色生物屑泥晶灰岩和煤层组成。含煤 10 层，编号自上而下为 $4^{\#}$、$5^{\#}$、$6^{\#}$、$7^{\#}_{上}$、$7^{\#}$、$8^{\#}$、$8^{\#}_{下}$、$9^{\#}$、$10+11^{\#}$、$12^{\#}$(井田内 $10^{\#}$、$11^{\#}$ 煤层合并为 $10+11^{\#}$ 煤层)。其中 $9^{\#}$、$10+11^{\#}$ 煤层为稳定全区可采煤层，$7^{\#}$ 煤层为不稳定局部可采煤层，其余为零星可采或不可采煤层。含 K_2、K_3、K_4 三层石灰岩，是全井田地层对比标志层。底部灰白色中-粗粒石英砂岩(K_1)特征明显，但发育不稳定，有时相变为泥岩或粉砂岩。与下伏地层整合接触。

石炭系上统太原组地层一般又分为上、中、下三段。

① 下段(C_3t^1)

下段由 K_1 砂岩底板起至 K_2 石灰岩底板，由黑灰色泥岩、砂质泥岩、砂岩和煤层组成。K_1 砂岩为太原组与本溪组分界标志，成分以细、中粒石英为主，胶结良好，岩性坚硬，无论是在井下还是钻孔中易于识别。本段含 $9^{\#}$、$10+11^{\#}$、$12^{\#}$ 煤层。$12^{\#}$ 煤层为零星可采煤层；$10+11^{\#}$ 煤层在本井田合并为一层厚煤层，厚度为 4.15～13.80 m，平均厚度为 7.26 m；$9^{\#}$ 煤层厚度为 0～2.06 m，平均厚度为 1.47 m。$9^{\#}$ 煤层之上是 K_2 石灰岩，其底层局部有厚度不到 1 m 的泥岩，为 $9^{\#}$ 煤层的伪顶。此伪顶在本井田六采区 6419、6117、6415 工作面均有出现。

② 中段(C_3t^2)

中段由 K_2 石灰岩底至 K_4 石灰岩顶。石灰岩由下至上编号为 K_2、K_3、K_4，此三层石灰岩稳定，为良好的标志层。$8^{\#}_{下}$、$8^{\#}$、$7^{\#}$、$7^{\#}_{上}$ 煤层位于其间，其中 $7^{\#}$ 煤层为不稳定局部可采煤层，其余为不可采煤层。K_2 石灰岩厚度为 6.85～13.70 m，平均厚度为 11.50 m，为厚层深灰色石灰岩，其中有条带状及团块状黑色燧石。石灰岩下部常有一层灰色的泥岩，厚 1.0 m 左右。在本矿井主斜井井下大巷有揭露。

K_3 石灰岩厚度为 4.20～8.25 m，平均厚度为 5.55 m，为深灰色石灰岩，含燧石情况与 K_2 石灰岩相似，石灰岩中产有海相动物化石。

K_4 石灰岩厚度为 2.70～6.80 m，平均厚度为 3.78 m，为深灰色石灰岩，一般不含燧石，在官窑附近露头，此层石灰岩在短距离内相变为黄灰色细粒砂岩。

③ 上段(C_3t^3)

上段由 K_4 石灰岩顶至 K_7 砂岩底,6#、5#、4#煤层零星可采或不可采薄煤层位于其间,在露头上所见一般为黑色泥岩、砂岩,性脆、节理发育,其中常夹有条带状铁质泥岩。

2.1.3.2 可采煤层

井田内可采煤层有 2#、3#、7#、9#、10+11#煤层。

(1) 2#煤层

2#煤层位于山西组上部,俗称六尺煤,厚度为 0.55~3.30 m,平均厚度为 1.80 m,多不含夹矸或含 1 层夹矸,个别含 2 层夹矸。该煤层为稳定大部分可采煤层。该煤层顶板一般为砂岩,底板一般为泥岩。该煤层厚度向南变薄,煤层的节理较发育,层理不甚发育。该煤层在井田东南角分叉为 2#、$2^{\#}_{下}$煤层,$2^{\#}_{下}$煤层不可采。

该煤层井田内北部水峪区已经采空,南部旺家垣区域大部分采空或小窑破坏,宜兴区仅北部采掘形成 2 处采空区,面积可采系数为 1。

(2) 3#煤层

3#煤层位于山西组下部,俗称四尺煤,煤层厚度为 0~2.40 m,平均厚度为 0.78 m。它上距 2#煤层 5.55~18.93 m,平均 13.10 m,当中间砂体发育时,平均间距可达 15 m 左右;下距 K_7 砂岩 0~5.72 m,有时 K_7 砂岩为其直接底板。该煤层位于山西组第一沉积旋回成煤序列中,具有煤厚变化大、突变性强等特点,煤层分布呈条带状及岛状,一般不含夹矸,个别含 1 层夹矸。该煤层为不稳定局部可采煤层。该煤层顶板为泥岩、砂质泥岩,局部为砂岩,底板岩性变化较大,泥岩、砂质泥岩、粉砂岩、细-中粒砂岩都有,其中以泥岩、砂质泥岩为主。该煤层节理、层理较发育。水峪区该煤层基本不可采,旺家垣区 3#煤层零星可采,宜兴区 3#煤层大部分可采。该煤层未开采,面积可采系数为 0.17。

(3) 7#煤层

7#煤层位于太原组中下部,俗称铜三尺,在 K_3、K_4 灰岩之间,上距 3#煤层平均 67.31 m,煤层厚度为 0~1.35 m,平均厚度为 0.76 m,多不含或含 1 层夹矸,局部含 2 层夹矸,为不稳定局部可采煤层。该煤层顶板以泥岩为主,底板以砂岩、泥岩及砂质泥岩为主。井田水峪区 7#煤层零星可采,旺家垣区 7#煤层大部分可采。7#煤层距 9#煤层平均 38.33 m。井田内该煤层未开采,面积可采系数为 0.34。

(4) 9# 煤层

9# 煤层位于太原组下部，俗称毛四尺，10+11# 煤层的顶板则为该煤层底板。该煤层上距 7# 煤层平均 38.33 m，煤层厚度为 0～2.06 m，平均厚度为 1.47 m，为稳定大部分可采煤层。该煤层一般无夹矸，结构简单，节理发育，层理不甚发育。该煤层顶板为石灰岩，底板以泥岩、砂质泥岩为主。水峪区大部分采空，旺家垣区北部、西部有大片采空区及小破坏区，宜兴区未开采，面积可采系数为 0.89。

(5) 10+11# 煤层

10+11# 煤层位于太原组下部，俗称丈八煤，10#、11# 煤层在本井田内合并为一层。上距 9# 煤层平均 0.80 m，煤层厚度为 4.15～13.80 m，平均厚度为 7.26 m。该煤层含夹矸 0～6 层，结构复杂，属稳定全区可采煤层。该煤层上距 K_3 灰岩平均约 24.80 m，下距 K_1 砂岩平均约 21 m。在矿井生产中，该煤层常见较稳定夹矸 3～5 层，夹矸层位较稳定，变化有规律可循。该煤层节理、层理均较发育，顶板以泥岩、砂质泥岩为主，底板以泥岩为主，面积可采系数为 1。

该煤层采掘情况与 9# 煤层相似，井田内水峪区大部分采空，旺家垣区北部、西部有大片采空区及小破坏区，宜兴区未开采。

2.1.4 打牛厂煤业基本概况

打牛厂煤业由原打牛厂煤矿与钟山区大湾镇安乐村联办煤矿兼并重组而成，安乐村联办煤矿作为打牛厂煤矿的关闭指标，其资源量置换到打牛厂煤矿。根据贵州省国土资源厅文件《关于对贵州中纸投资有限公司盘县红果镇打牛厂煤矿(兼并重组)采矿权划定矿区范围申请的复函》《关于同意贵州中纸投资有限公司盘县红果镇打牛厂煤矿(兼并重组)调整开采深度的通知》，矿区面积为 1.151 5 km^2，瓦斯等级为煤与瓦斯突出矿井。

打牛厂煤业位于盘关向斜西翼南段，属构造-剥蚀山地地貌，属中山地形，地面多被第四系坡积物覆盖，井田内总体地势东高西低。

2.1.5 打牛厂煤业井田地质构造

2.1.5.1 区域地层

区域范围内除二叠系上统峨眉山玄武岩组属火山喷发岩外，其余均为沉积岩，以二叠、三叠系地层分布最广，见表 2-1。

表 2-1 区域地层系统简表

地层系统			代号	岩性
系	统	组		
第四系			Q	坡积、残积物
三叠系	下统	永宁镇组	T_1yn	厚层状灰岩夹白云质灰岩
		飞仙关组	T_1f	以泥质粉砂岩、粉砂质泥岩为主,夹灰岩、泥灰岩
二叠系	上统	宣威组	P_3x	泥岩、粉砂岩、细砂岩等,夹可采煤层数层
		峨眉山玄武岩组	$P_3\beta$	玄武岩夹角砾状玄武岩及碎屑岩
	中统	茅口组	P_2m	灰岩,上部含燧石结核及燧石条带
		栖霞组	P_1q	燧石灰岩夹少量白云质灰岩
		梁山组	P_1l	石英砂岩及杂色泥岩夹薄煤层
石炭系			C	中、下部为白云岩,上部为灰岩

2.1.5.2 井田地层

井田内出露地层有二叠系上统峨眉山玄武岩组($P_3\beta$)、二叠系上统宣威组(P_3x)、三叠系下统飞仙关组(T_1f)、第四系(Q)。现由老到新分述如下:

(1) 峨眉山玄武岩组($P_3\beta$):出露于井田西部,岩性为灰绿、暗绿色块状玄武岩,具杏仁状、斑晶状构造,厚度>400 m。

(2) 宣威组(P_3x):为井田内含煤地层,厚度为 194～245 m,平均厚度为 224 m。岩性由细碎屑岩、泥岩、煤层组成,夹条带状、结核状黄铁矿,底部有一层厚 1～3 m 的铝土岩。

该地层根据岩性组合特征分为以下三段。

① 第一段(P_3x_1):主要以灰白色薄层状铝土岩作为标志,含大量结核状、团块状黄铁矿。本段含可采煤层 4 层,分别为 20-1#、22#、23#、24# 煤层,该段平均厚度为 42 m。

② 第二段(P_3x_2):主要为灰黑色薄～中厚层状泥质粉砂岩、粉砂岩、细砂岩、碳质泥岩组合,顶部为厚 4～5 m 薄层状碳质泥岩,含较多结核状黄铁矿,是区分其与第三段的标志。本段含可采煤层 5 层,分别为 14#、15-1#、

16-2#、17#、18#、18-1#煤层，该段平均厚度为110 m。

③ 第三段(P_3x_3)：主要为灰～深灰色薄～中厚层状泥质粉砂岩、粉砂质泥岩、细砂岩、粉砂岩组合，从上至下颜色逐渐变深，上覆飞仙关组底部为灰绿色薄～中厚层状泥质粉砂岩、粉砂岩、细砂岩，标志明显。本段含可采煤层6层，分别为1#、3#、3-1#、4#、8#、12#煤层，该段平均厚度为72 m。

(3) 飞仙关组(T_1f)：出露于井田东部，分布面积较广，厚400～480 m。

该地层根据岩性特征可分为以下五段。

① 第一段(T_1f_1)：灰绿色薄～中厚层状泥质粉砂岩、粉砂岩、细砂岩，缓波状层理发育，底部颜色逐渐向灰色过渡，段厚为70～90 m；与下伏P_3x地层整合接触。

② 第二段(T_1f_2)：紫红色薄～厚层状泥质粉砂岩夹灰绿色薄层～条带状泥质粉砂岩，缓波状层理发育，段厚为90～130 m。

③ 第三段(T_1f_3)：紫红色薄～中厚层状泥质粉砂岩偶夹灰绿色泥质粉砂岩，含较多蠕虫状、带状方解石脉，段厚为40～60 m。

④ 第四段(T_1f_4)：紫灰色与灰绿色相间薄～中厚层状泥质粉砂岩、粉砂质泥岩、粉砂岩，偶夹细砂岩薄层，缓波状层理发育，段厚为170～210 m。

⑤ 第五段(T_1f_5)：顶部为薄层状泥质粉砂岩与条带状泥灰岩互层，底部为紫红色薄层状泥岩、粉砂质泥岩，中间为紫灰色与灰绿色相间泥质粉砂岩，偶夹细砂岩薄层，缓波状层理发育，段厚为35～60 m。

(4) 第四系(Q)：松散堆积层，表层为黑色有机质腐殖土，其下为褐黄色砂质亚黏土，下部为黄色黏土且含灰岩和砂岩碎石，该层厚度为0～30 m，主要分布于缓坡和低凹地带，与下伏各时代地层呈角度不整合接触。

2.1.5.3 构造

本区域属于扬子准地台黔北台隆六盘水断陷普安旋扭构造变形区。区内褶皱平缓，断裂较发育，构造大致分北西向和北东向两组。盘关向斜是其中的北东向构造之一，打牛厂煤业位于盘关向斜西翼南段。

2.1.6 打牛厂煤业煤层条件

矿区内含煤地层为二叠系上统宣威组(P_3x)。井田内含煤地层宣威组厚度为194～245 m，平均厚度为224 m，含煤28～49层，一般为38层，其中可采煤层 16 层，总厚度为 19.82～26.35 m，平均厚度为 21.89 m，煤层总厚度为 24.72～42.04 m，平均厚度为 33.63 m，含煤系数为 14.73%。

1# 煤层：位于宣威组第三段，上距二叠系下统飞仙关组底界约 5.00 m 左右，厚度为 1.37 ～2.15 m，平均厚度为 1.72 m；含 0～2 层夹矸，结构较简单，全区可采，属稳定煤层。

3# 煤层：位于宣威组第三段，距 1# 煤层底界 10.11～12.78 m，平均 11.31 m，全层煤厚 1.97 ～2.48 m，平均厚度为 2.22 m，采用厚度为 1.97～2.26 m，平均厚度为 2.14 m；含 0～4 层夹矸，结构简单～较简单，全区可采，属稳定煤 8 层。

3-1# 煤层：位于宣威组第三段，距 3# 煤层底界 2.34～4.22 m，平均 3.14 m，全层煤厚 0.70～0.90 m，平均厚度为 0.85 m，采用厚度为 0.70～0.90 m，平均厚度为 0.85 m；不含夹矸，结构简单，全区可采，属较稳定煤层。

4# 煤层：位于宣威组第三段，距 3-1# 煤层底界 4.30～9.86 m，平均 7.30 m，全层煤厚 0.59～1.98 m，平均厚度为 1.06 m，采用厚度为 0.59～1.16 m，平均厚度为 0.74 m；含 0～2 层夹矸，结构较简单，大部分可采，属较稳定煤层。

8# 煤层：位于宣威组第三段，距 4# 煤层底界 7.12～16.41 m，平均 11.77 m，全层煤厚 0.59～1.37 m，平均厚度为 1.14 m，采用厚度为 0.59～1.34 m，平均厚度为 0.82 m；含 0～1 层夹矸，结构简单，大部分可采，属较稳定煤层。

12# 煤层：位于宣威组第三段，距 8# 煤层底界 10.01～33.62 m，平均 21.31 m，全层煤厚 1.22～3.48 m，平均厚度为 2.16 m，采用厚度为 1.22～3.34 m，平均厚度为 2.07 m；含 0～2 层夹矸，结构简单，全区可采，属较稳定煤层。

14# 煤层：位于宣威组第二段，距 12# 煤层底界 6.53～9.75 m，平均 8.41 m，全层煤厚 1.24～2.21 m，平均厚度为 1.71 m，采用厚度为 1.24～2.21 m，平均厚度为 1.71 m；局部含 1 层夹矸，结构简单，全区可采，属较稳定煤层。

15-1# 煤层：位于宣威组第二段，距 14# 煤层底界 7.61～13.32 m，平均 10.08 m，全层煤厚 0.61～4.36 m，平均厚度为 2.12 m，采用厚度为 0.61～4.36 m，平均厚度为 2.11 m；局部含 1 层夹矸，结构简单，全区可采，属较稳定煤层。

16-2#煤层：位于宣威组第二段，距15-1#煤层底界12.83～26.41 m，平均19.62 m，全层煤厚0.75～2.33 m，平均厚度为1.44 m，采用厚度为0.68～1.69 m，平均厚度为1.17 m；含0～3层夹矸，结构较简单，全区可采，属较稳定煤层。

17#煤层：位于宣威组第二段，距16-2#煤层底界5.09～15.91 m，平均11.46 m，全层煤厚0.85～4.98 m，平均厚度为1.97 m，采用厚度为0.66～4.38 m，平均厚度为1.79 m；含0～3层夹矸，局部含4层夹矸，结构简单～复杂，大部分可采，属较稳定煤层。

18#煤层：位于宣威组第二段，距17#煤层底界1.20～4.35 m，平均3.05 m，全层煤厚0.77～1.08 m，平均厚度为0.86 m，采用厚度为0.77～1.08 m，平均厚度为0.88 m；含0～1层夹矸，结构简单，大部分可采，属较稳定煤层。

18-1#煤层：位于宣威组第二段，距18#煤层底界7.21～16.37 m，平均13.76 m，全层煤厚0.73～1.17 m，平均厚度为0.93 m，采用厚度为0.70～1.06 m，平均厚度为0.87 m，煤层厚度变化不大，含0～1层夹矸，结构简单，大部分可采，属较稳定煤层。

20-1#煤层：位于宣威组第一段，距18-1#煤层底界0.67～7.53 m，平均2.97 m，全层煤厚0.67～2.91 m，平均厚度为1.89 m，采用厚度为0.67～2.72 m，平均厚度为1.69 m；含0～3层夹矸，结构简单～较简单，全区可采，属较稳定煤层。

22#煤层：位于宣威组第一段，距20-1#煤层底界3.38～26.88 m，平均15.13 m，全层煤厚0.79～2.12 m，平均厚度为1.63 m，采用厚度为0.71～1.83 m，平均厚度为1.45 m；含0～2层夹矸，结构简单，全区可采，属较稳定煤层。

23#煤层：位于宣威组第一段，距22#煤层底界1.64～3.00 m，平均2.15 m，全层煤厚0.61～0.88 m，平均厚度为0.85 m，采用厚度为0.61～0.88 m，平均厚度为0.76 m；含0～1层夹矸，结构简单，大部分可采，属较稳定煤层。

24#煤层：位于宣威组第一段，距23#煤层底界3.80～7.77 m，平均5.74 m，全层煤厚0.95～3.15 m，平均厚度为1.50 m，采用厚度0.85～1.40 m，平均厚度为1.29 m；含0～1层夹矸，局部含4层夹矸，结构简单～复杂，大部分可采，属较稳定煤层。

2.2 高应力破碎软岩巷道围岩变形特征调研

2.2.1 水峪煤业深部高应力巷道

2.2.1.1 生产地质条件

水峪煤业十采区三条大巷东距侯家岭村约 400 m，西距大沟村约 400 m，南距西大会村约 1 000 m，北距沟南村约 600 m。十采区运输巷北邻第九轨回联巷，南邻井田边界，东部为十采区轨道巷，西邻十采区回风巷，如图 2-1 所示。

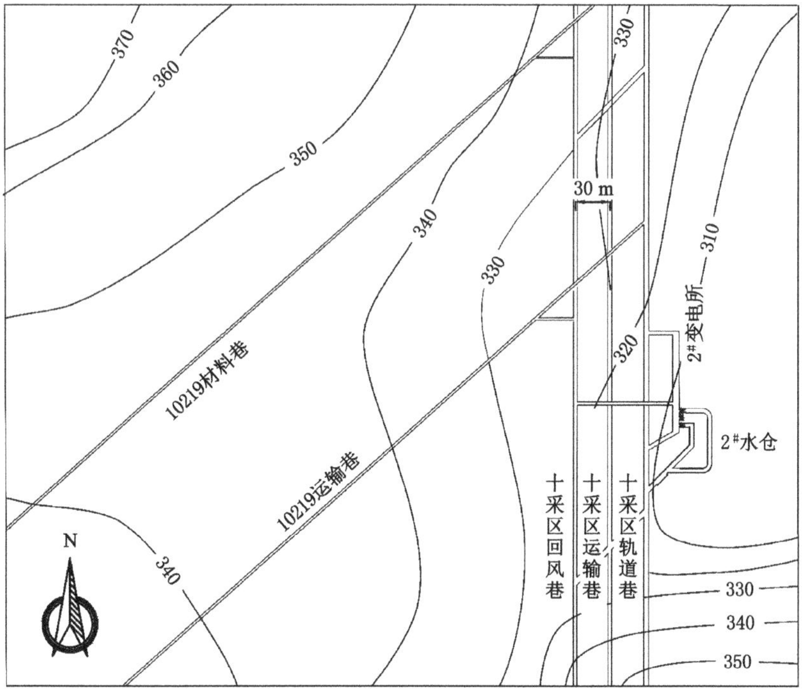

图 2-1 水峪煤业十采区运输巷布置图

十采区运输巷在山西组 2# 煤层中掘进，煤层平均厚度为 2.25 m，煤层结构复杂，煤层倾角为 5°～15°，平均倾角为 10°，直接顶为厚 1.6 m 的砂质泥岩，性脆，节理发育；基本顶为厚 4.7 m 的中砂岩，厚层状，坚硬；直接底为厚 0.6 m 的泥岩；基本底为厚 2.22 m 的砂质泥岩，层状，性脆。

十采区运输巷初始掘进为矩形断面，宽×高为 5 000 mm×3 200 mm，采用锚网带索进行支护，原支护方案如图 2-2 所示，具体参数如下：顶锚杆采用 ϕ22 mm×2 400 mm 的高强螺纹钢锚杆支护，排间距均为 800 mm。顶部两端锚杆与顶板成 75°角，其余顶部锚杆分别垂直于顶板。每根锚杆锚固用 1 根 CK2355 型和 1 根 K2355 型锚固剂。顶板锚索采用 ϕ21.6 mm×7 000 mm 的钢绞线，按“五花形”方式布置，排间距均为 1.6 m。

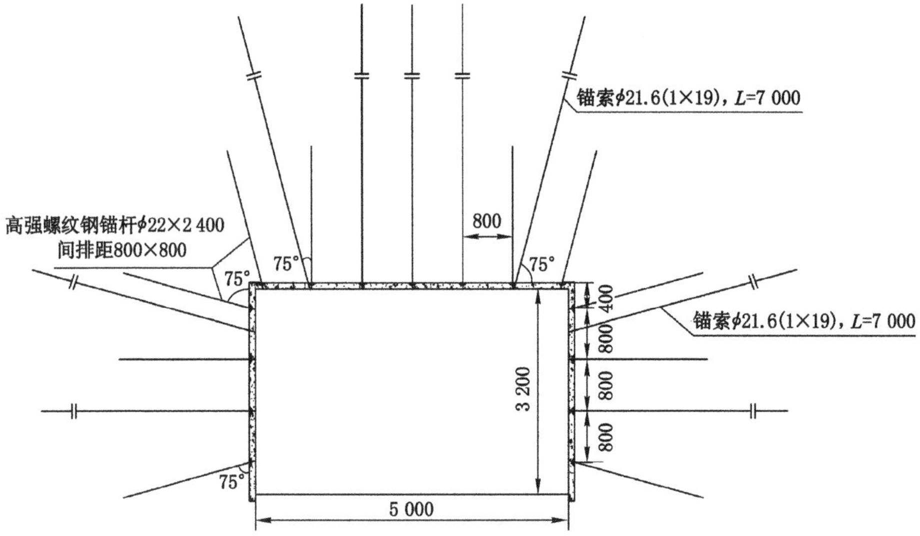

图 2-2　十采区运输巷原支护方案（单位：mm）

两帮采用 ϕ22 mm×2 400 mm 的高强螺纹钢锚杆支护，排间距均为 800 mm。帮锚索采用 ϕ21.6 mm×7 000 mm 的钢绞线，按“三花形”方式布置，锚索每 1.6 m 一组；最上一根锚索距顶板 800 mm，与帮成 75°角布置。每根锚索锚固用 1 根 CK2355 型和 1 根 K2355 型锚固剂。

2.2.1.2　十采区运输巷围岩异常矿压显现情况

十采区运输巷围岩呈现整体大变形，如图 2-3(a)、(b)所示，且变形破坏速度快，巷道掘进后第 2 天帮部便出现明显鼓帮，最大变形速度达 50 mm/d；巷道围岩出现开裂、吊包和局部严重鼓出现象，受到两帮鼓出挤压的巷道呈非对称三角形，顶底板和两帮移近量均超过 1 m。

支护结构上：巷道掘进过程中，出现了较多锚杆在尾部破断的现象；后期采用 U29 型钢可缩型支架进行了大范围加强支护，局部地段棚腿弯曲变

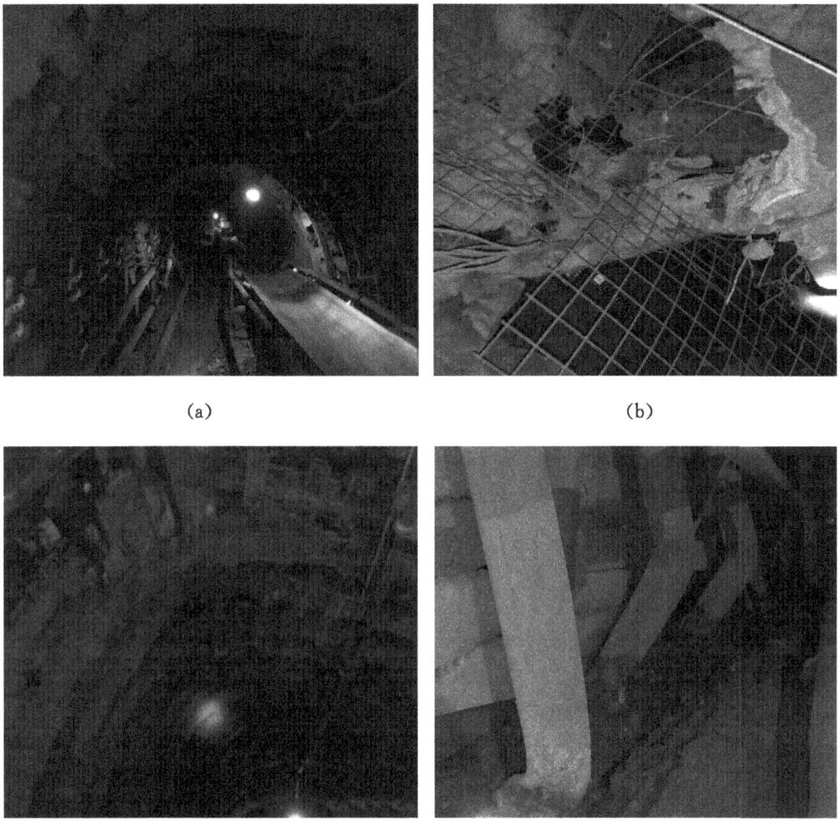

(a)　(b)　(c)　(d)

图 2-3　十采区运输巷围岩变形和支护结构破坏

形折断，顶板棚梁发生扭曲变形，如图 2-3(c)、(d)所示，控制效果不明显，巷道围岩变形仍难以持续保持稳定。

2.2.1.3　采区运输巷围岩松动圈发育特征

选择十采区运输巷顶板和巷帮进行钻孔观测，设置 3 组钻孔窥视孔测点，结合深度仪和钻孔探测仪获取钻孔内部探测动态录像视频及钻孔空间轨迹，后期数据处理采用视频播放软件对钻孔动态视频进行缓速播放，并对钻孔内部信息进行统计分析。钻孔探头光学成像原理如图 2-4 所示；$2^{\#}$钻孔岩层柱状图如图 2-5 所示。结合顶板结构和裂隙发育破碎特征分析可得：钻孔窥视发现顶板破坏深度大，离层裂隙发育区厚度在 8 m 以内，横纵向裂隙发育对顶板结构完整性产生较大影响，尤其是顶板 5～8 m 范围破碎严重。

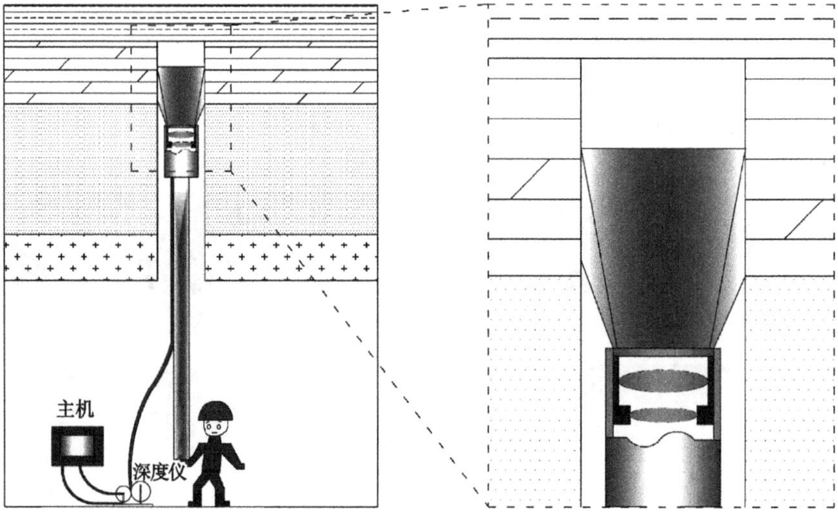

图 2-4　钻孔探头光学成像原理图

巷道侧帮围岩破坏特征：沿巷道走向煤岩裂隙发育和扩展程度远高于垂直巷道方向煤岩层，深部高应力影响下浅部煤岩体发生剥离、劈裂并逐步延伸，不断开裂破坏的煤岩体破坏了原有岩层结构的稳定性。

2.2.1.4　围岩强度测试

在十采区运输巷布置 1 组测站，包括 1 个顶板和 1 个帮部强度测量钻孔，测量十采区运输巷范围围岩强度及其变化特征，如图 2-6 所示。由十采区运输巷现场原位强度测量可得：顶板 6 m 范围内围岩强度平均值在 20 MPa 左右，极松软，承载能力不足以抵抗围岩强烈变形破坏；大巷两帮 5 m 范围内围岩强度平均值在 15 MPa 左右，相比顶板强度更低，承载能力更弱。

2.2.2　打牛厂煤业强动压高应力巷道

2.2.2.1　生产地质条件

打牛厂煤业 1570 轨道石门为典型破碎软岩巷道，埋深为 230～345 m，以粉砂岩、细砂岩、泥岩为主，强度低。石门附近巷道密集，包括 11242 运输联络巷、1570 运输石门、1570 回风石门，并受到 11242 工作面开采影响，如

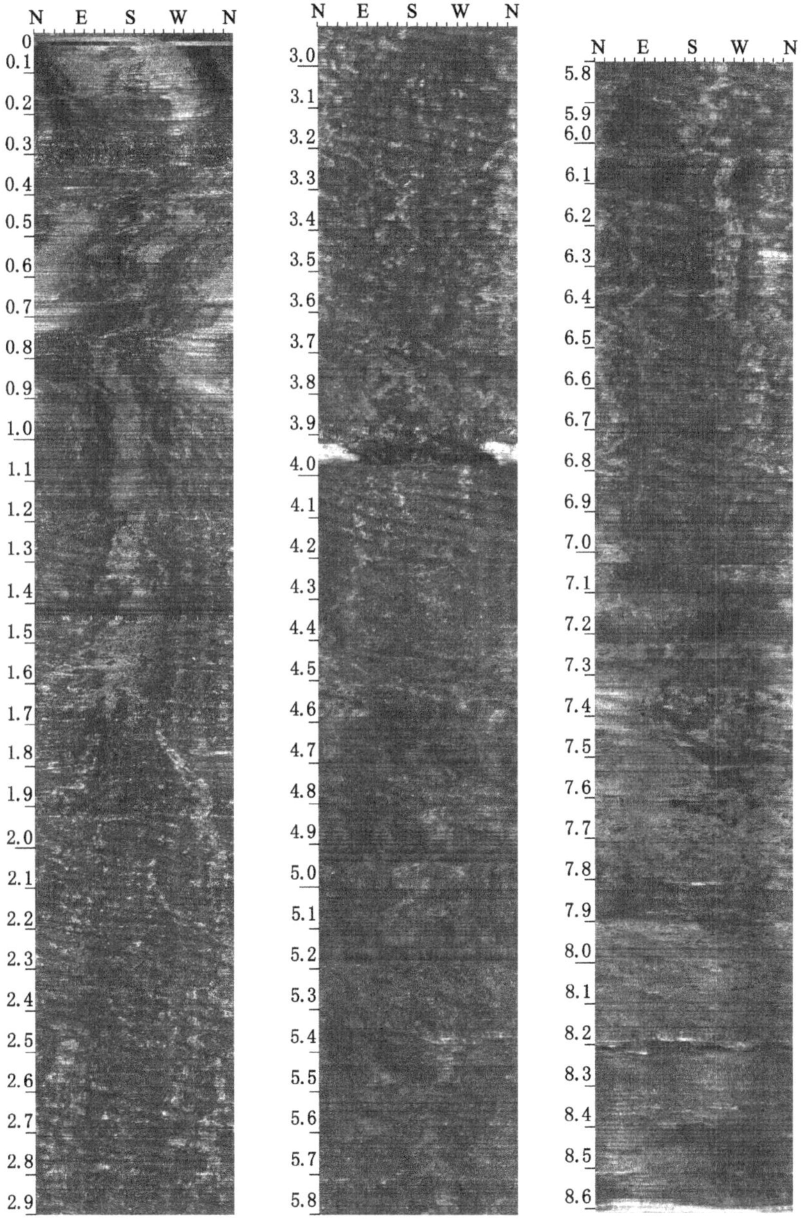

(a) 顶板

图 2-5　钻孔岩层柱状图(2# 钻孔)

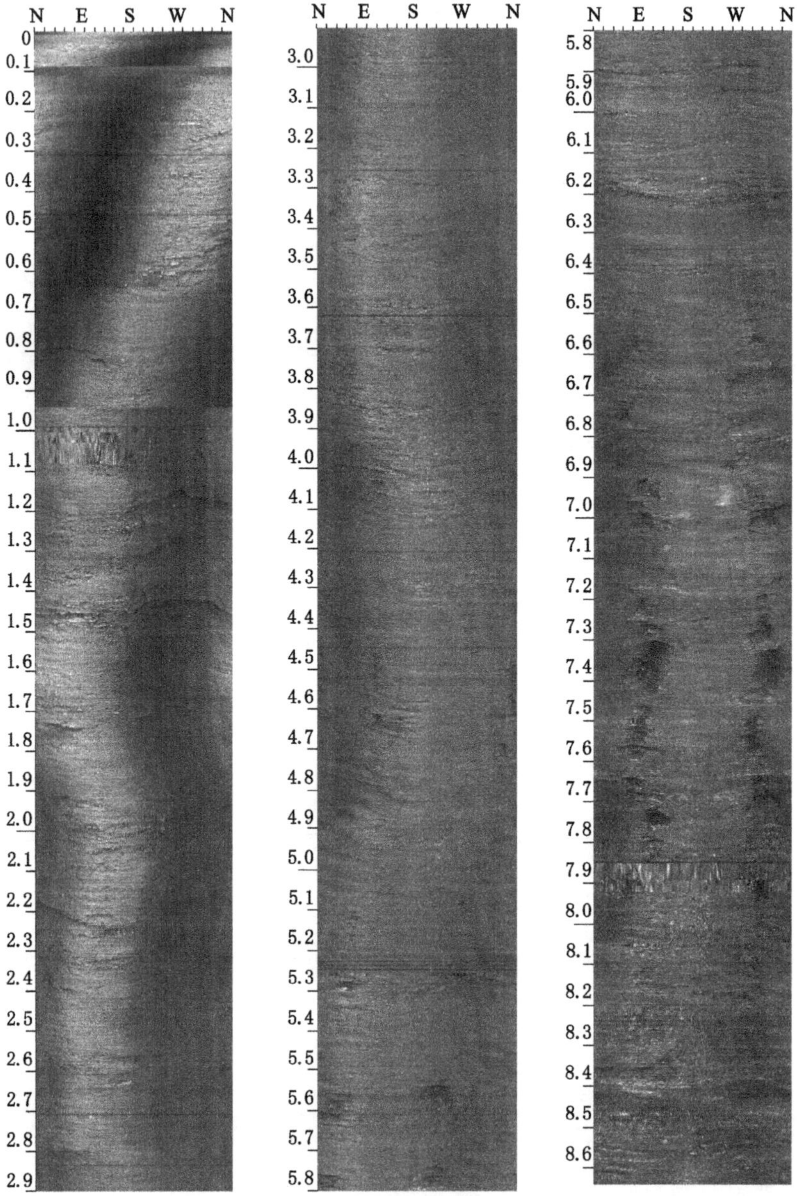
N E S W N
0
0.1
0.2
0.3
0.4
0.5
0.6
0.7
0.8
0.9
1.0
1.1
1.2
1.3
1.4
1.5
1.6
1.7
1.8
1.9
2.0
2.1
2.2
2.3
2.4
2.5
2.6
2.7
2.8
2.9
N E S W N
3.0
3.1
3.2
3.3
3.4
3.5
3.6
3.7
3.8
3.9
4.0
4.1
4.2
4.3
4.4
4.5
4.6
4.7
4.8
4.9
5.0
5.1
5.2
5.3
5.4
5.5
5.6
5.7
5.8
N E S W N
5.8
5.9
6.0
6.1
6.2
6.3
6.4
6.5
6.6
6.7
6.8
6.9
7.0
7.1
7.2
7.3
7.4
7.5
7.6
7.7
7.8
7.9
8.0
8.1
8.2
8.3
8.4
8.5
8.6

(b) 帮部

图 2-5(续)

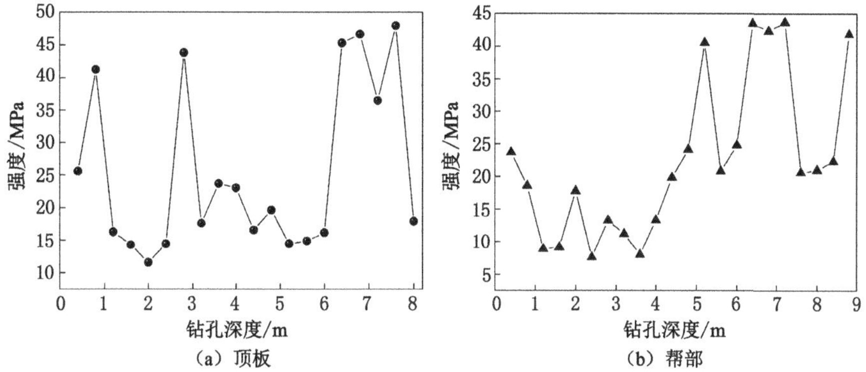

图 2-6　围岩强度测试结果

图 2-7 所示,大量巷道掘进和工作面开采导致该巷道群区域应力分布复杂。1570 轨道石门设计断面为三心拱形,净宽×净高为 5.2 m×3.5 m,采用“锚杆+锚索+U 型钢支架+喷射混凝土”联合支护,其中 U 型钢支架的棚距为 700 mm,喷设 C20 混凝土,喷射厚度为 100 mm;锚杆为 ϕ20 mm×2 200 mm 的全螺纹钢锚杆,间排距为 800 mm×800 mm;锚索为 ϕ21.6 mm×8 300 mm 的 1×19 股高强锚索,如图 2-8 所示。

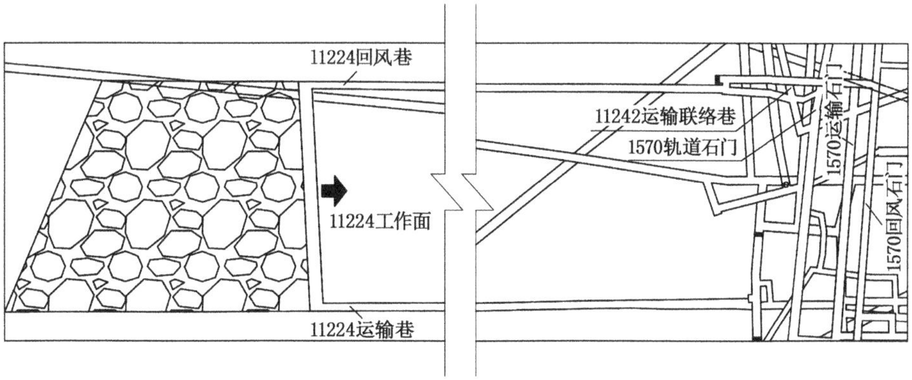

图 2-7　1570 轨道石门布置图

2.2.2.2　1570 轨道石门围岩异常矿压显现情况

(1) 巷道围岩变形特征

井下实测分析了强动力破碎软岩巷道围岩变形特征，如图 2-9 所示。

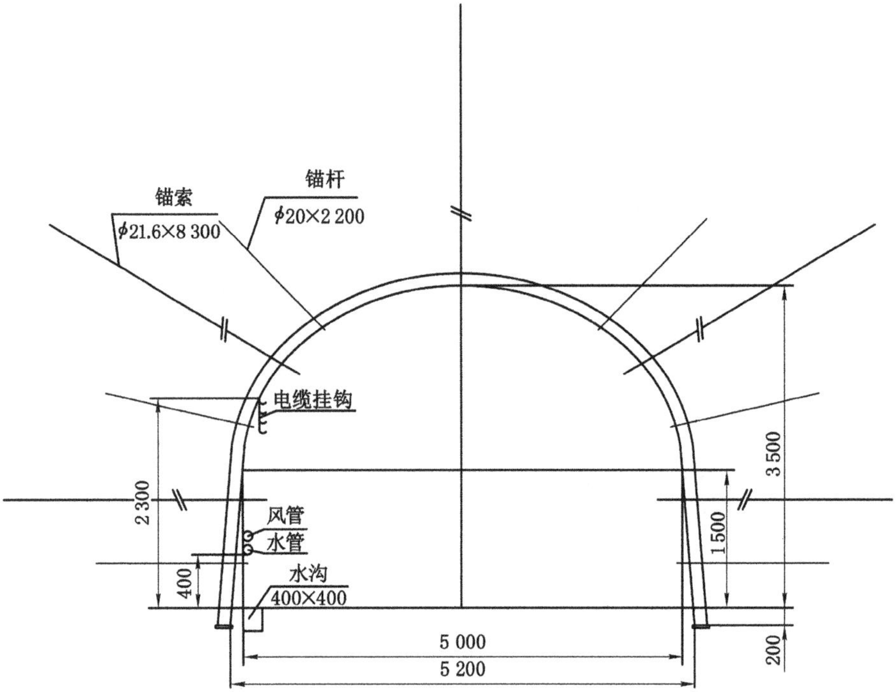

图 2-8　1570 轨道石门支护设计图(单位：mm)

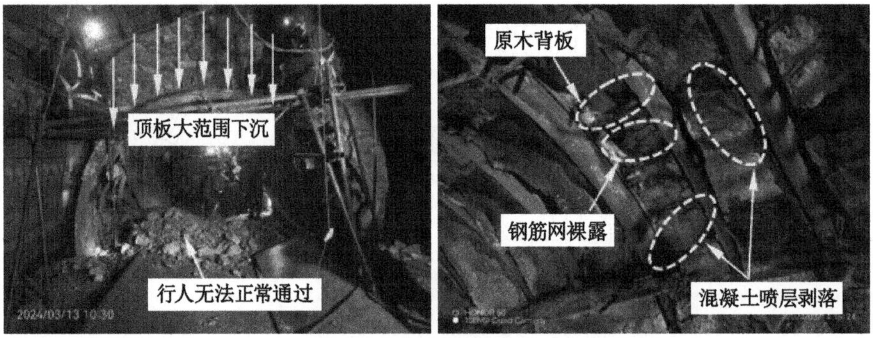

(a) 顶板变形

图 2-9　强动压破碎软岩巷道围岩变形情况

(b) 帮部变形

(c) 底板变形

图 2-9(续)

巷道顶板变形特征:由于顶板岩性以泥岩为主,巷道开挖后,泥岩受风化影响,围岩裂隙向深部扩展,最终形成大范围松软破碎区,巷道变形严重,出现顶板大范围下沉。与此同时,变形具有强烈的时间效应,不到 2 个月最大下沉量可达 600 mm,且持续下沉,无法满足行人正常通过。矿方采用“U 型钢支架+喷射 C20 混凝土”联合支护方式返修后,巷道顶板仍呈现整体下沉。

巷道两帮变形特征:① 巷道底板向肩角 2 m 左右出现多条明显剪切破坏裂缝,主要是由于巷道所处岩层为软弱破碎岩层,强度低、稳定性差。1570 轨道石门附近巷道密集,巷道与巷道间相互影响,大量巷道开挖导致该巷道群区域应力分布复杂，采动应力的叠加使巷道围岩应力水平进一步升高，加剧底板和肩角处的剪切破坏。② 巷道围岩在工作面扰动下，受巷道周围复杂应力环境的影响。巷道围岩经历多次扰动后变得十分破碎，且对于应力扰动更加敏感，上覆压力直接传递至支架表面，支架刚度与巷道压力不匹配，导致支架整体弯曲下沉，局部支架出现棚腿严重弯曲变形。

巷道底板变形特征：表现为结构性流变，底板遇水后泥化膨胀，底鼓剧烈，累计底鼓量超过 5 m。

1570 轨道石门整体表现出明显的非对称变形及强时效变形，如图 2-10 所示。

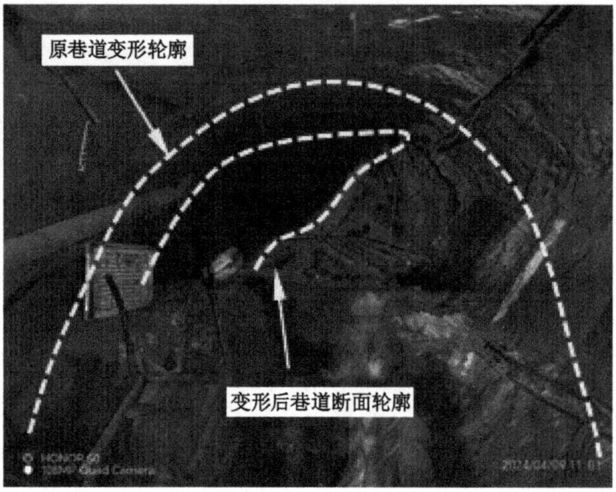

图 2-10　巷道非对称变形特征

从水平方向看，巷道两侧的变形程度明显不同。巷道右帮出现较大收敛变形，向巷道内挤压明显，而另一侧相对变形较小。这种非对称性主要是由地应力分布不均、巷道周边岩体强度存在差异及邻近采掘活动影响等因素造成的。

从垂直方向看，顶板与底板的变形也呈现非对称状态。顶板右侧出现较大范围的下沉，而底板出现底鼓现象；在时间维度上，变形初期速度较快。巷道开挖后不久，软岩便开始迅速变形，这是由于软岩自身具有强度低、遇水易软化等特性，以及开挖引起的应力重新分布，使得岩体快速产生塑性变形。随着时间推移，变形速度逐渐减缓，但持续时间长。出现顶底板及帮部整体外移、变形，巷道长期无法稳定，表现为强时效大变形，断面收缩率超过 80%。

(2) 支护体失效特征

打牛场煤业采用"U 型钢支架＋喷射混凝土"联合支护形式后，巷道变形严重，出现大量支护体破坏或失效，如出现混凝土喷层大面积剥落、锚杆滑落、U 型钢支架扭曲等现象。该支护技术下支护体破坏特征如下：1570 轨道石门采用"U 型钢支架＋喷射混凝土"联合支护方式后，1570 轨道石门浅部开采时，大气降水为主要充水水源，以顶板裂隙水为主，局部段落以淋水形式渗入。该工程属于含水性和透水性都弱的地层，主要靠大气降水沿裂隙渗入井下。这就导致破碎围岩遇水膨胀，产生较大膨胀应力。同时，混凝土材料(C20)抗压及抗折强度低。受采动应力影响时，混凝土喷层局部应力集中，出现大面积剥落。造成混凝土呈小块剥落及支架与混凝土脱离现象的主要原因是喷层厚度不均匀及喷射工艺不佳。部分区域喷层过薄，无法有效抵抗巷道压力，容易出现局部破坏。而喷层过厚的地方由于混凝土收缩不均匀产生裂缝，为剥落提供了条件。

少许巷道表面出现大面积混凝土剥落，如图 2-11(a)所示。而大多数巷道局部会出现混凝土呈小块剥落以及支架与混凝土脱离现象，如图 2-11(b)～(f)所示。其次，现场施工时，喷射压力不足及喷射角度不当，会使混凝土与软岩及支架黏结不紧密，在巷道压力作用下易分离。锚杆支护体失效及 U 型钢支架扭曲如图 2-11(b)、(c)、(f)所示。由图可以发现，U 型钢支架扭曲、弯折主要发生在肩角以及拱顶位置，表现出一定的非对称性。主要原因包括以下几点。

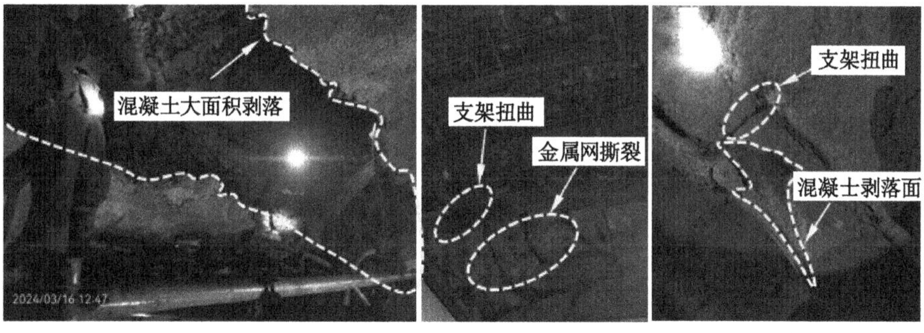

(a)　　(b)　　(c)

图 2-11　巷道非对称大变形特征

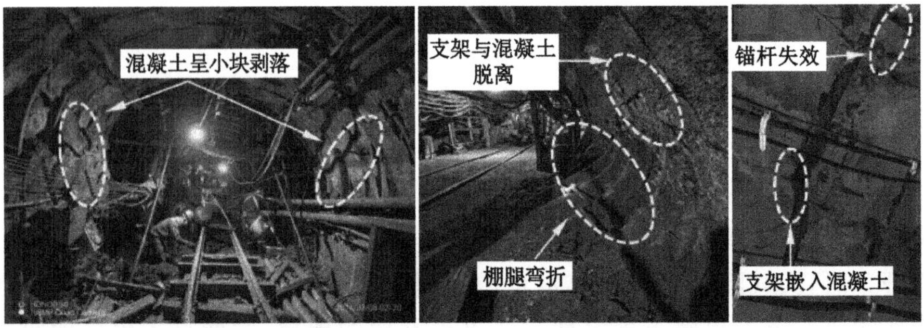

(d) (e) (f)

图 2-11(续)

① U 型钢支架在施工时未紧贴巷道围岩表面，无法有效传递围岩压力，导致支撑能力减弱，无法保证巷道的稳定性。

② U 型钢支架设计强度不能满足实际围岩压力的要求，易在受力较大的肩角和拱顶位置发生扭曲和弯折。造成锚杆失效的原因主要有：a. 破碎软岩受采动影响及水作用后，会迅速软化、膨胀，使锚杆的锚固效果大打折扣；b. 原 1570 轨道石门设置锚杆型号为 ϕ20 mm×2 200 mm 的全螺纹钢锚杆，间排距为 800 mm×800 mm，锚杆参数设计不合理，锚杆长度未匹配围岩松动圈范围，无法满足破碎软岩巷道的支护要求。

③ 受采动影响时，锚杆受拉、剪、扭、弯及冲击等复合荷载叠加作用，会出现锚杆、锚索破断，托盘、锁具脱落，金属网鼓包，以及部分锚杆、锚索失效后围岩整体鼓出等现象。

(3) 巷道围岩松动圈发育特征

① 观测点位置

在打牛厂煤业 1570 轨道石门内，分别在距 1570 运输斜巷开口处 5 m、15 m、35 m、50 m 位置布置 4 组巷道围岩钻孔窥视测站，并另布置 2 组巷道围岩钻孔窥视测站，如图 2-12 所示，布置的钻孔与顶板或两帮均呈垂直状态，分别标号为顶板、左帮、右帮；通过采用 CXK12(A)型岩层探测记录仪进行观测，每个测面设 3 个孔，在每个测面顶板中部及帮部中部各钻 1 个直径为 28 mm 的孔，孔深为 10 m，如表 2-2 所列。

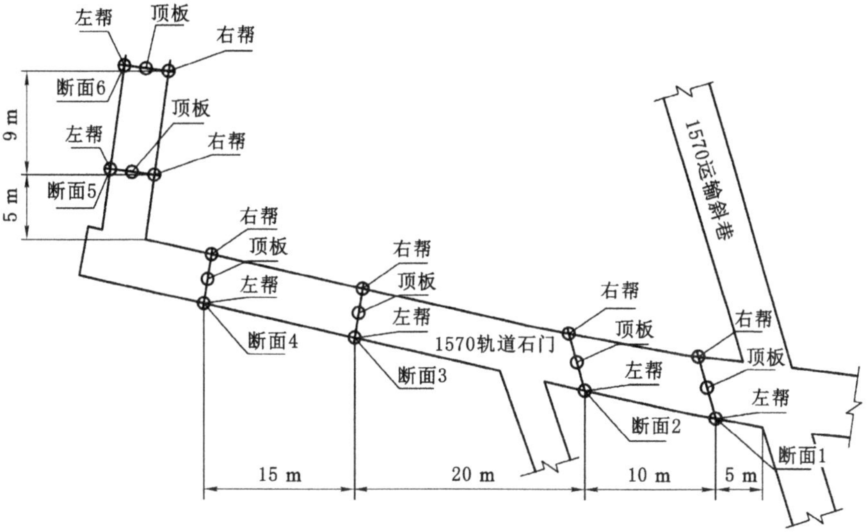

图 2-12 1570 轨道石门钻孔窥视测点布置

表 2-2 1570 轨道石门各测孔具体位置

编号	测孔位置	孔深/m	编号	测孔位置	孔深/m
1	断面 1 顶板	8.9	10	断面 4 顶板	5.8
2	断面 1 左帮	0	11	断面 4 左帮	1.7
3	断面 1 右帮	7.0	12	断面 4 右帮	4.5
4	断面 2 顶板	7.1	13	断面 5 顶板	8.5
5	断面 2 左帮	0	14	断面 5 左帮	0
6	断面 2 右帮	9.7	15	断面 5 右帮	0
7	断面 3 顶板	1.4	16	断面 6 顶板	11.1
8	断面 3 左帮	0	17	断面 6 左帮	0
9	断面 3 右帮	0	18	断面 6 右帮	0
说明	此表为实际钻孔测试布置点：断面 1、断面 2 左帮未钻孔，距离相邻巷道较近，左侧围岩厚度为 3 m 左右；断面 3 的两帮出现卡钻等现象，钻机无法打钻；断面 4 顶板及左右两帮均存在泥岩堵孔及塌孔现象；断面 5 左右两帮围岩均破碎，无法正常成孔；断面 6 左右两帮围岩均破碎，无法正常成孔				

② 观测结果分析

由观测结果可得，顶板围岩内部普遍存在较多破碎区域，围岩完整性较差。以断面 2 顶板和断面 5 顶板钻孔裂隙观测结果为例，如图 2-13 所示，0.3 m 处开始出现破碎区域，6.6 m 处围岩完整性较好。1570 轨道石门巷道围岩裂隙发育，但未观测到离层现象，总体上围岩存在较大范围破碎带，且裂隙发育程度较高。

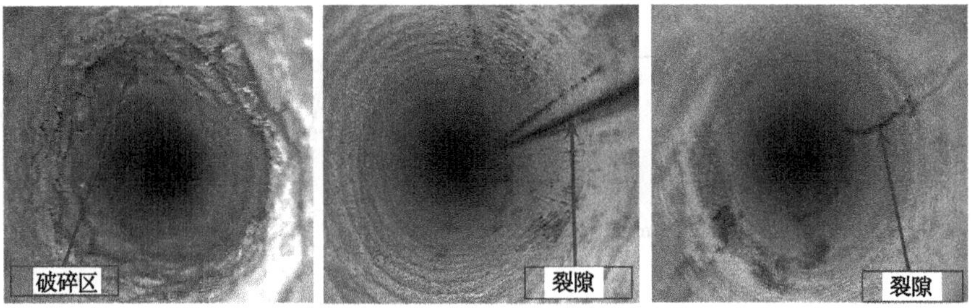

（a1）0.3 m处围岩破碎区　（a2）1.3 m处围岩裂隙　（a3）2.4 m处围岩裂隙

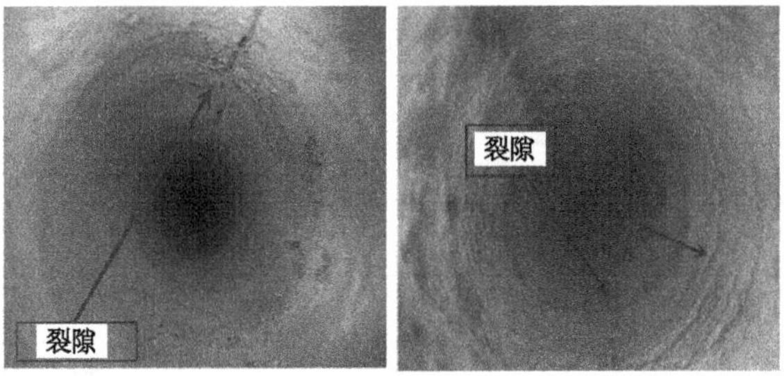

（a4）4.5 m处围岩裂隙　（a4）6.6 m处围岩裂隙

（a）断面2顶板钻孔裂隙观测结果

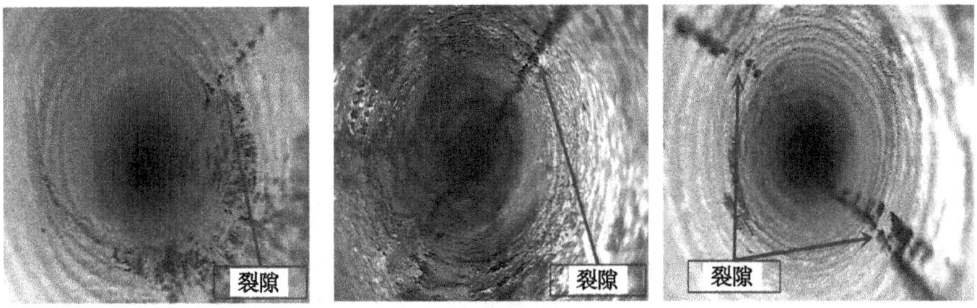

（b1）0.5 m处围岩裂隙　（b2）3.1 m处围岩裂隙　（b3）4.2 m处围岩裂隙

图 2-13　轨道石门断面处钻孔围岩裂隙观测结果

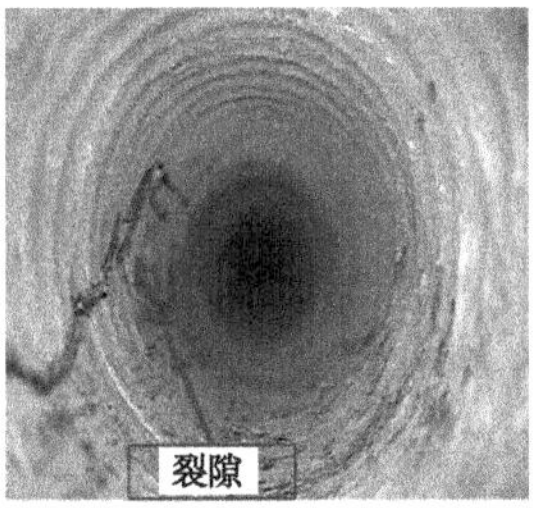

(b4) 5.9 m处围岩裂隙

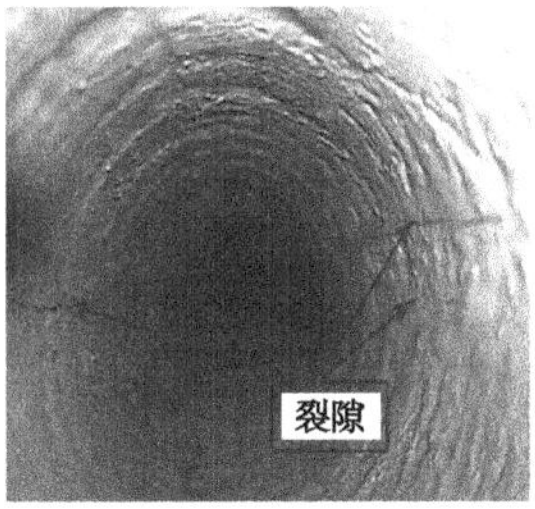

(b5) 7.4 m处围岩裂隙

(b) 断面5顶板钻孔裂隙观测结果

图 2-13(续)

2.3 高应力破碎软岩巷道围岩变形特征数值模拟

本节主要针对水峪煤业和打牛厂煤业高应力破碎软岩巷道生产地质条件,利用大型三维岩土工程软件 $FLAC^{3D}$,分别分析典型深部高应力十采区运输巷在向斜底部区域和1570轨道石门围岩变形特征。

2.3.1 $FLAC^{3D}$软件简介

$FLAC^{3D}$是美国 Itasca Consulting Group Inc. 开发的有限差分计算软件,主要适用于模拟计算地质材料的力学行为,特别是材料达到屈服极限后产生的塑性流动。材料通过单元和区域表示,根据计算对象的形状构成相应的网格。每个单元在外载和边界约束条件下,按照约定的线性或非线性应力-应变关系产生力学响应。$FLAC^{3D}$软件主要是为岩土工程应用而开发的岩石力学计算程序,它包括了反映地质材料力学效应的特殊计算功能,可计算地质类材料的高度非线性(包括应变硬化/软化)、不可逆剪切破坏和压密、黏弹(蠕变)、孔隙介质的应力-渗流耦合、热-力耦合以及动力学问题等。另外,程序设有界面单元,可以模拟断层、节理和摩擦边界的滑动、张开和闭合行为。支护结构,如砌衬、锚杆、可缩性支架或板壳等与围岩的相互作用也可以在$FLAC^{3D}$软件中进行模拟。

$FLAC^{3D}$的基本思想是拉格朗日元法,其遵循连续介质的假设,按时步积分求解,随着构型的变化不断更新坐标,允许介质有大变形。同时将动态运动方程应用于连续介质力学,在进行连续介质静力分析时计算控制方程中的荷载平衡方程,由表示运动的动量平衡方程来代替,即外力作用下的物体，如果其运动加速度为零，则该物体处于运动平衡状态，此时动量平衡方程所对应的解为系统的静力解。

在计算中通过监测不平衡力比率值的大小来确定计算是否达到静力状态。显示差分求解中，所有的矢量参数(力、速度及位移)都存储在网格节点上，所有的标量及张量(应力及材料特性)存储在单元的中心位置，首先通过运动方程由应力及外力可以求出节点的速度及位移，由空间导数从而得出单元的应变率，借助于材料的应力-应变关系，由单元应变率可以获得单元新的应力。

$FLAC^{3D}$软件采用显式算法来获得模型全部运动方程(包括内变量)的时间步长解，从而可以追踪材料的渐进破坏和垮落，这对研究设计是非常重要的。在 $FLAC^{3D}$软件中利用 Null 单元可以方便地控制单元的“生死”，而且 Null 单元不会对其他单元的计算产生影响。此外，程序允许输入多种材料类型，亦可在计算过程中改变某个局部的材料参数，增强了程序使用的灵活性，极大地方便了在计算上的处理，非常适合对施工力学现象进行模拟。

2.3.2 水峪煤业模型的建立

2.3.2.1 深部高应力大巷围岩应力分析模型

根据十采区煤层底板等高线变化，在第九轨回联巷前段，十采区运输巷的倾向角度为 10°，但在第九轨回联巷后段，即褶曲底部，煤层倾斜量减小，巷道的倾向接近水平，如图 2-14 所示。

根据水峪煤业十采区运输巷开采区域的钻孔资料，建立尺寸(长×宽×高)为 165 m×45 m×80 m 的模型(图 2-15)，该模型共设置 19 层煤岩层，本构模型为莫尔-库仑模型，在模型顶面施加相应的边界应力。此外，由于该区域受到褶曲构造应力作用，第九轨回联巷在后段地应力明显增大，运输巷破坏与前段相比显著增加。结合十采区生产地质条件和应力测试结果，两边固定水平位移，底边固定垂直位移。

根据 Hoek、Kaiser 和 Bawden 提出的地质强度指标(GSI)，可估算受不同地质条件影响而弱化的扰动岩体强度。GSI 由岩体结构特征和岩体结构面条件两个因素共同确定。岩体结构特征由岩体的完整性定性分级确定；结构面条件由结构面粗糙程度、风化程度和充填程度定性判定。GSI 的基本取值如图 2-16 所示。由于煤系地层普遍较为松软，一般 GSI 取值区间在 30～50 之间。同时，由于该煤矿十采区运输巷所处区域经历褶曲地质构造作用，其岩体结构特征较为破碎，在本模拟中确定其 GSI 为 30。

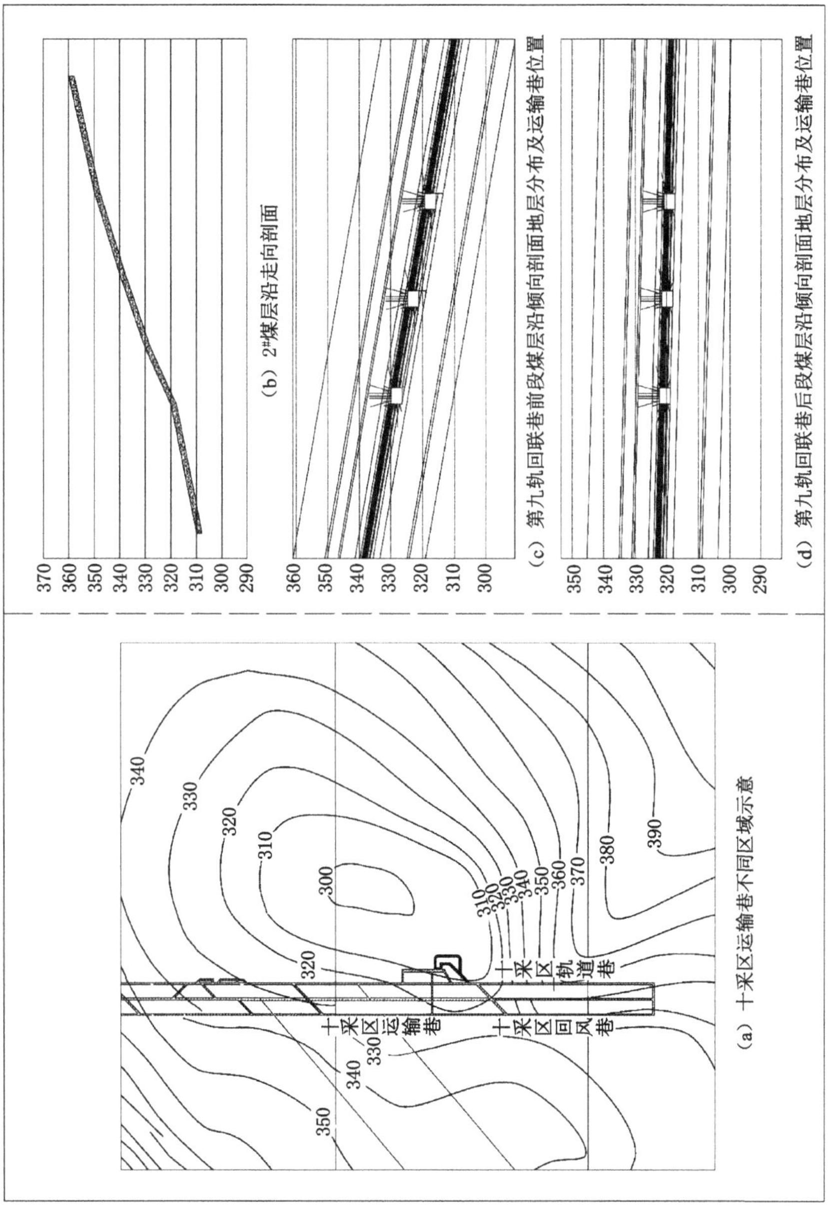

图2-14 十采区运输巷所在区域煤层剖面

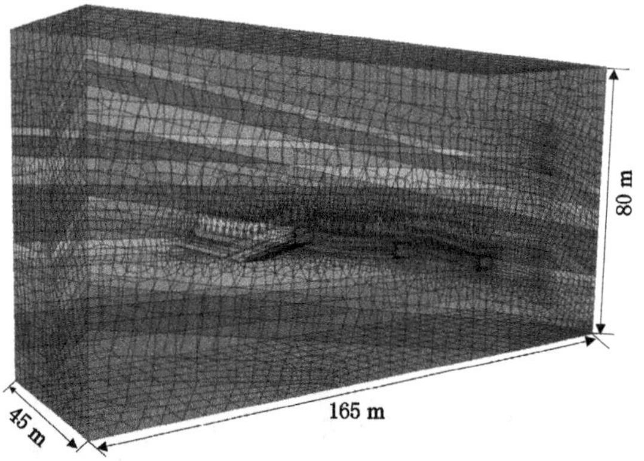

图 2-15 三维数值模型的煤岩层与巷道布置

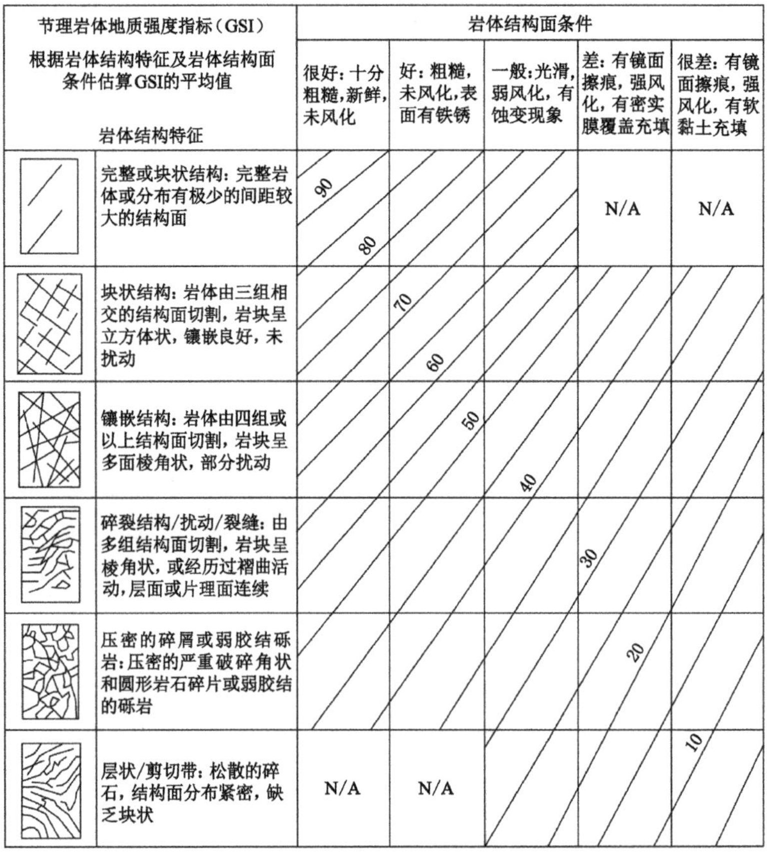

图 2-16 GSI 的基本取值

根据地质强度指标与岩石力学属性的对应关系以及十采区运输巷生产地质条件特征，确定本次模拟中各层位岩层参数折减系数，并结合 2# 煤层顶底板岩层物理力学性质测试结果，数值计算模型中煤岩层参数取值如表 2-3 所列。

表 2-3 2# 煤层顶底板岩层物理力学参数表

岩层序号	岩性	厚度/m	密度/(kg/m³)	体积模量/GPa	剪切模量/GPa	黏聚力/MPa	内摩擦角/(°)	抗拉强度/MPa
19	砂质泥岩	2.50	2 690	0.81	0.32	2.12	30.704	9.45
18	中粒砂岩	2.00	2 600	0.67	0.21	2.80	29.224	6.88
17	砂质泥岩	11.50	2 690	0.81	0.32	2.12	30.704	9.45
16	泥岩	2.10	2 500	0.47	0.36	2.18	32.224	6.82
15	砂质泥岩	4.40	2 690	0.81	0.32	2.12	30.704	9.45
14	中粒砂岩	6.60	2 600	0.67	0.21	2.80	29.224	6.88
13	泥岩	2.10	2 500	0.47	0.36	2.18	32.224	6.82
12	砂质泥岩	1.80	2 690	0.81	0.32	2.12	30.704	9.45
11	粉砂岩	3.40	2 750	1.23	0.19	1.28	39.112	7.73
10	中粒砂岩	4.70	2 600	0.67	0.21	2.80	29.224	6.88
9	砂质泥岩	1.60	2 690	0.81	0.32	2.12	30.704	9.45
8	泥岩	0.60	2 500	0.47	0.36	2.18	32.224	6.82
7	煤	2.20	1 390	0.13	0.27	0.35	27.432	1.23
6	泥岩	1.50	2 500	0.47	0.36	2.18	32.224	6.82
5	砂质泥岩	2.20	2 690	0.81	0.32	2.12	30.704	9.45
4	粉砂岩	8.32	2 750	1.23	0.19	1.28	39.112	7.73
3	中粒砂岩	9.00	2 600	0.67	0.21	2.80	29.224	6.88
2	泥岩	7.90	2 500	0.47	0.36	2.18	32.224	6.82
1	砂质泥岩	6.00	2 690	0.81	0.32	2.12	30.704	9.45

2.3.2.2 深部高应力破碎软岩巷道初始支护数值模型

结合十采区运输巷、轨道巷、回风巷三条巷道岩层布置和初始支护方案，建立相应的数值模型，如图 2-17 所示，分析向斜底部运输巷围岩变形特征。

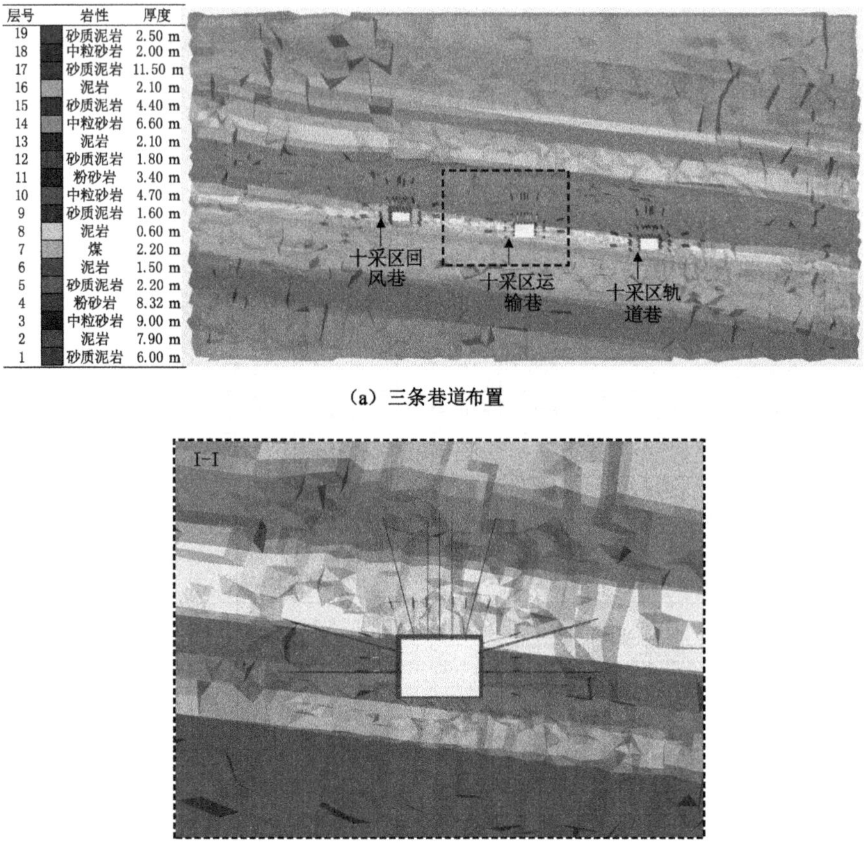

(a) 三条巷道布置

(b) 运输巷支护布置

图 2-17 运输巷初始支护方案数值模型

2.3.3 水峪煤业十采区运输巷围岩综合响应特征分析

2.3.3.1 深部高应力破碎软岩巷道围岩塑性区分布特征

十采区运输巷围岩塑性区分布特征如图 2-18 所示，由图可得：

(1) 从巷道走向角度，向斜底部区域运输巷岩层的塑性破坏范围普遍大，说明原支护方式难以有效控制类似复杂困难巷道围岩破坏，保障其稳定性。

(2) 从巷道断面角度，向斜底部构造应力作用下巷道围岩塑性破坏范围大，呈现全断面破坏特征，顶底板塑性破坏范围分别达到 3.73 m 和 3.6 m，

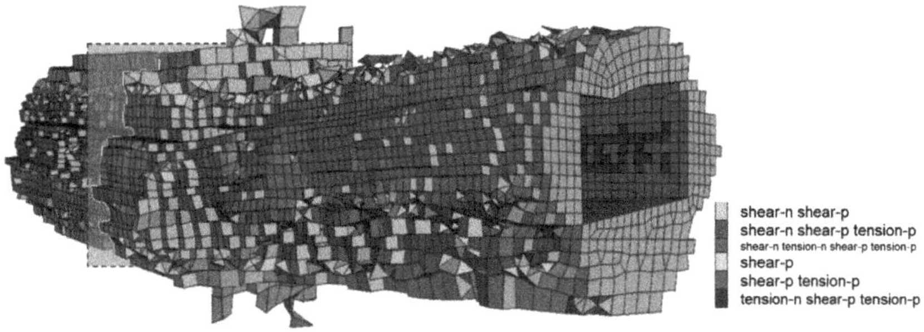

(a) 整体

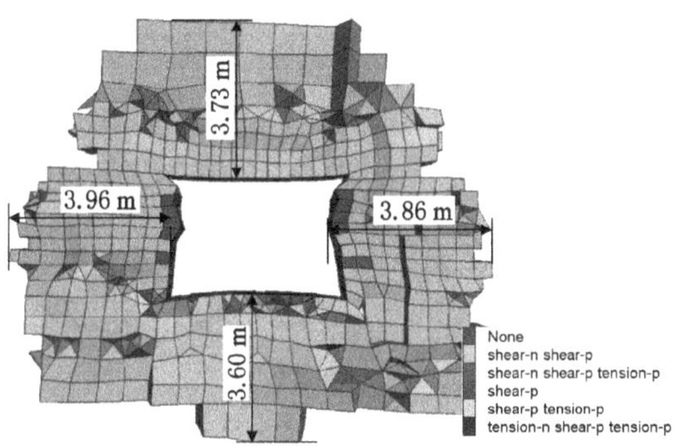

(b) 剖面

图 2-18 十采区运输巷围岩塑性区分布特征

两帮塑性破坏范围大于顶底板，达到 3.96 m 和 3.86 m，围岩塑性破坏范围已远超锚杆长度，易导致围岩整体或局部区域移动。

(3) 十采区运输巷顶板主要表现为剪切破坏，帮部和底板以剪切破坏为主、拉破坏为辅，且巷道围岩表面帮部和底板受拉破坏较显著。

2.3.3.2 深部高应力巷道围岩应力分布特征

十采区运输巷垂直应力分布特征如图 2-19 所示，由图可得：

(1) 在大埋深和向斜构造应力叠加作用下，巷道围岩垂直应力显著，高应力作用下运输巷初始锚杆(索)联合支护较难保障巷道围岩的稳定。

(2) 沿掘进巷道断面方向，高应力影响范围大，巷道围岩整体面临高应力作用，围岩破碎；尤其是对软岩巷道而言，影响程度更为剧烈，对巷道围岩支护要求较高。

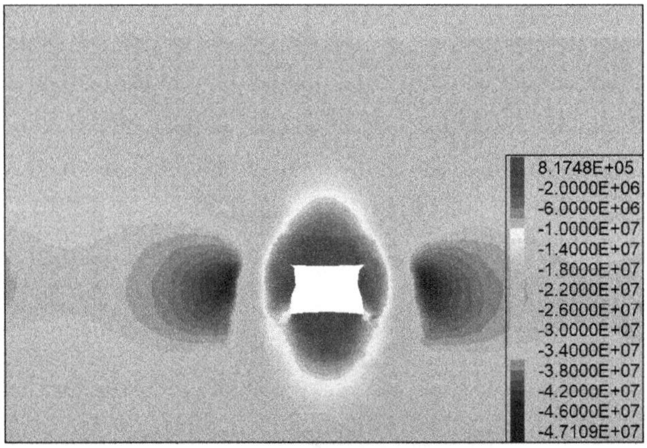

(a) 垂直应力分布云图

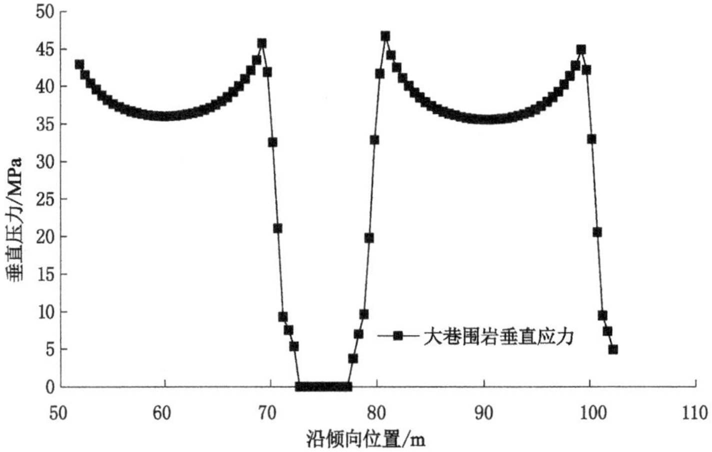

(b) 巷道断面方向应力分布

图 2-19　十采区运输巷围岩垂直应力分布特征

2.3.3.3　深部高应力巷道围岩位移和支护结构分布特征

十采区运输巷围岩位移分布特征如图 2-20 所示，由图可得：

(1) 巷道围岩整体呈现大变形特征，其中垂直位移最大值达 1.02 m，水平位移最大值达 1.64 m，说明现有锚杆(索)联合支护方案难以控制巷道围岩大变形，保障巷道围岩的稳定。

(a) 垂直位移

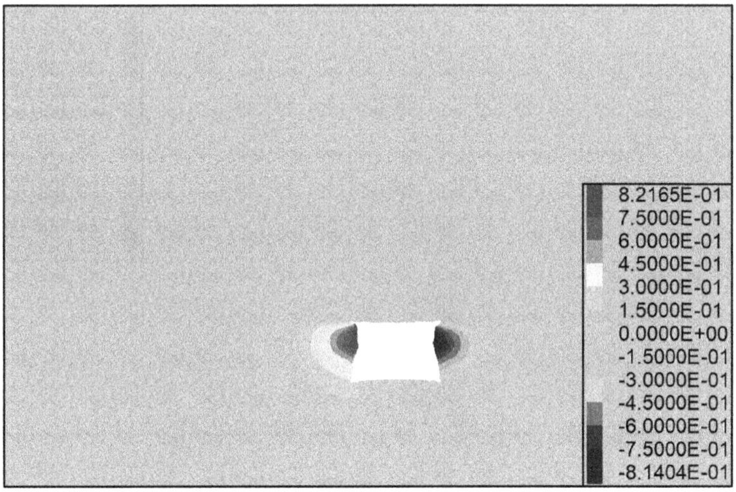

(b) 水平位移

图 2-20　十采区运输巷围岩位移分布云图

(2) 高应力作用下十采区运输巷锚杆(索)锚固力和结构拉伸变形量已超过其破断范围,如图 2-21 所示,易导致锚索和锚杆破断失效,加速巷道围岩的整体变形和破坏。

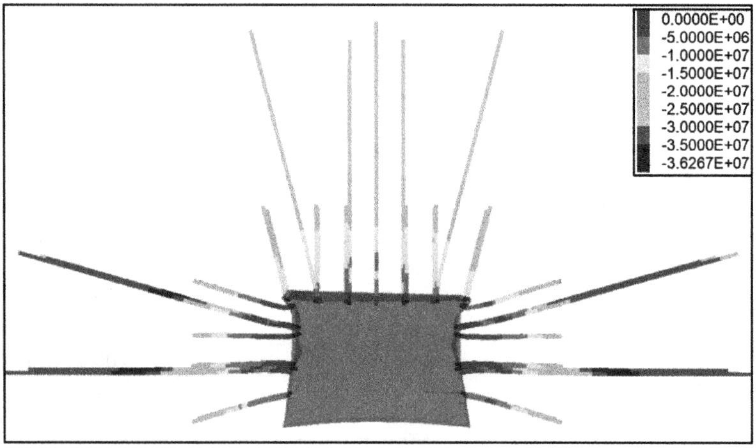

(a) 锚固力

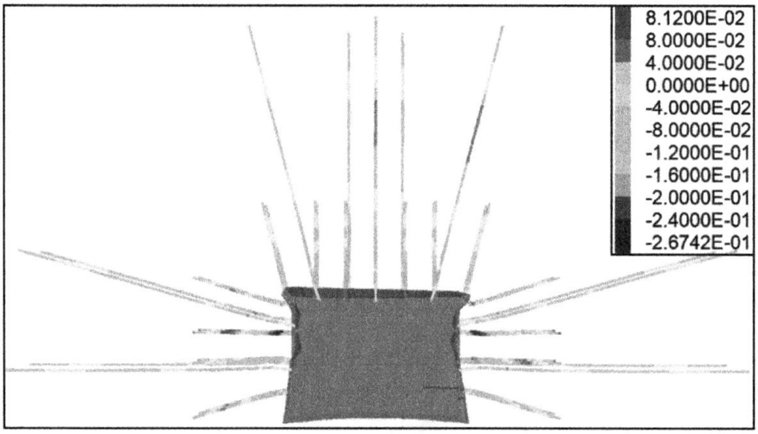

(b) 变形量

图 2-21　十采区运输巷锚杆(索)支护结构内力和位移分布云图

2.3.4　打牛厂煤业 1570 轨道石门围岩响应特征分析

1570 轨道石门布置于软岩巷道群中，邻近巷道的开挖会造成围岩开挖扰动区与二次应力场相互叠加，且 1570 轨道石门为穿煤层巷道，煤层开挖也会造成已趋于变形稳定的巷道再次扰动而失稳破坏，多次扰动应力场相互叠加，加剧1570轨道石门围岩的变形速度与破坏程度，极不利于巷道围岩控制。为分析巷道群开挖扰动影响范围，基于1570轨道石门、1570运输石门、11242运输联络巷、15#煤层及22#煤层的空间关系，采用FLAC^{3D}软件对打牛厂煤业1570轨道石门围岩应力和位移特征开展模拟计算，数值模拟力学参数见表2-4，数值模拟计算整体模型见图2-22。

表2-4　数值模拟力学参数

岩性	弹性模量/GPa	剪切模量/GPa	黏聚力/MPa	内摩擦角/(°)	抗拉强度/MPa
煤	1.66	1.25	1.32	25	1.50
泥岩	3.73	2.24	2.37	27	3.36
粉砂质泥岩	5.21	3.32	3.12	30	4.52
泥质粉砂岩	5.92	4.09	4.05	30	5.38

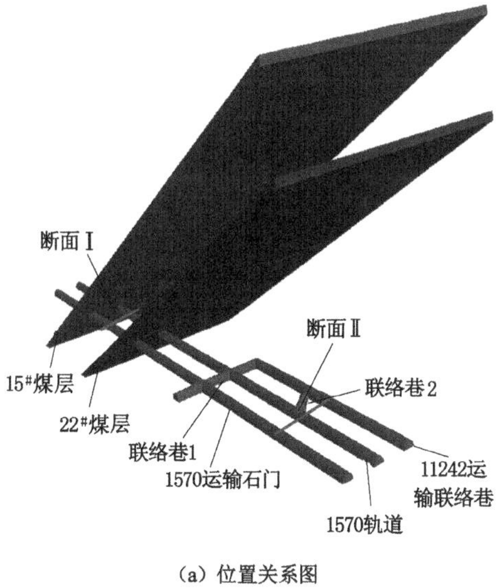

(a) 位置关系图

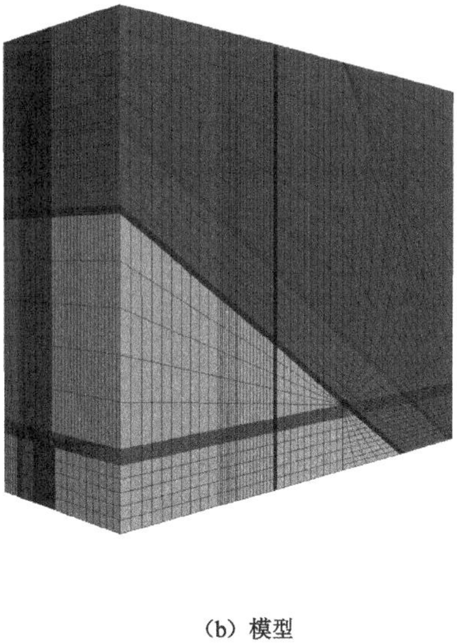

(b) 模型

图2-22　数值模拟计算整体模型

(c) 已采工作面位置

图 2-22(续)

开挖程序为:巷道开挖→22[#]煤工作面开挖→15[#]煤工作面开挖。数值模拟计算模型尺寸(宽×长×高)为100 m×282 m×200 m,为模拟实际工作面开采后对巷道的影响规律,对数值模拟计算模型进行只保留顶部边界不固定、其他边界均固定的模拟。同时,为监测巷道变形及应力分布情况,在所需监测巷道断面布置四个监测点(见图 2-23)。为便于对不同位置巷道变形及应力进行监测,对需要监测变形的巷道编号(图 2-24 断面Ⅰ及断面Ⅱ)。随着模型的逐步开挖,巷道群断面Ⅰ、断面Ⅱ围岩应力变化情况如图 2-24所示。

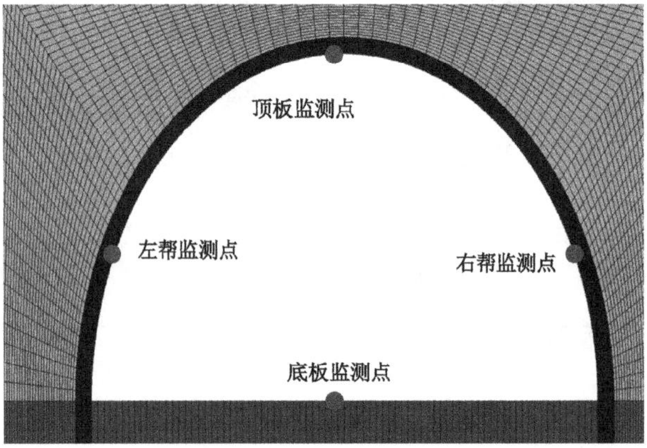

图 2-23　监测应力及变形巷道断面编号

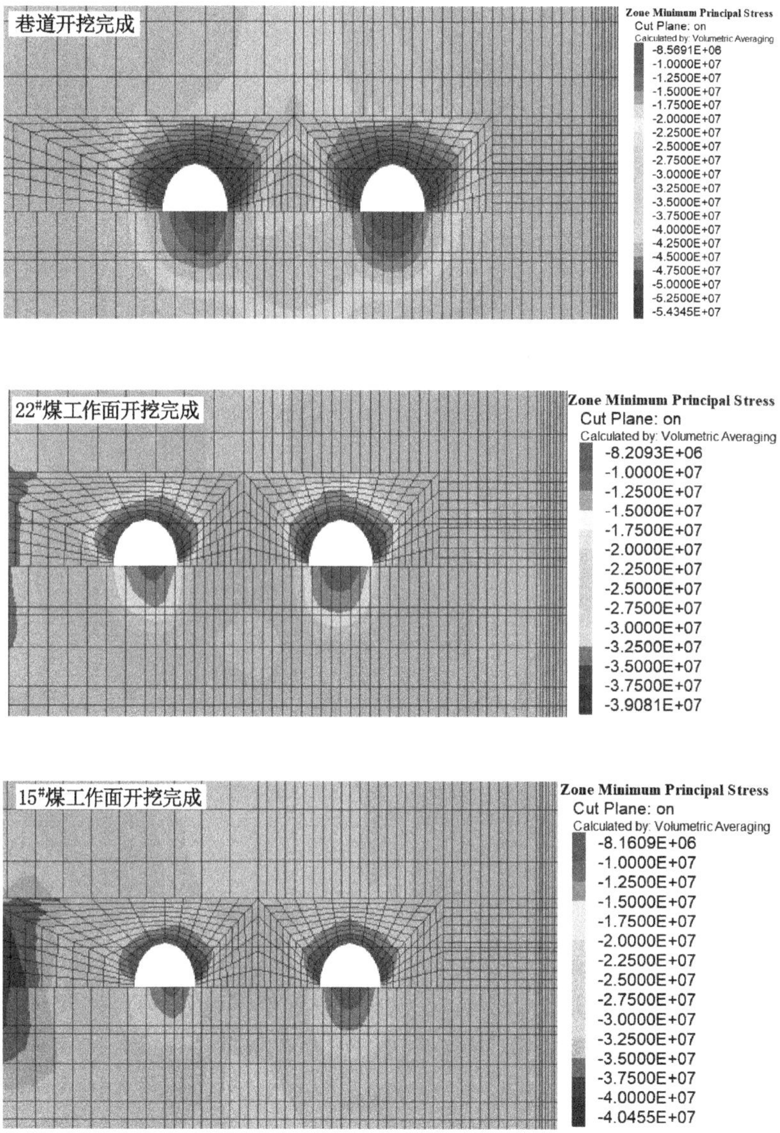

(a) 断面Ⅰ应力变化云图

图 2-24 巷道群断面Ⅰ、Ⅱ围岩应力变化情况

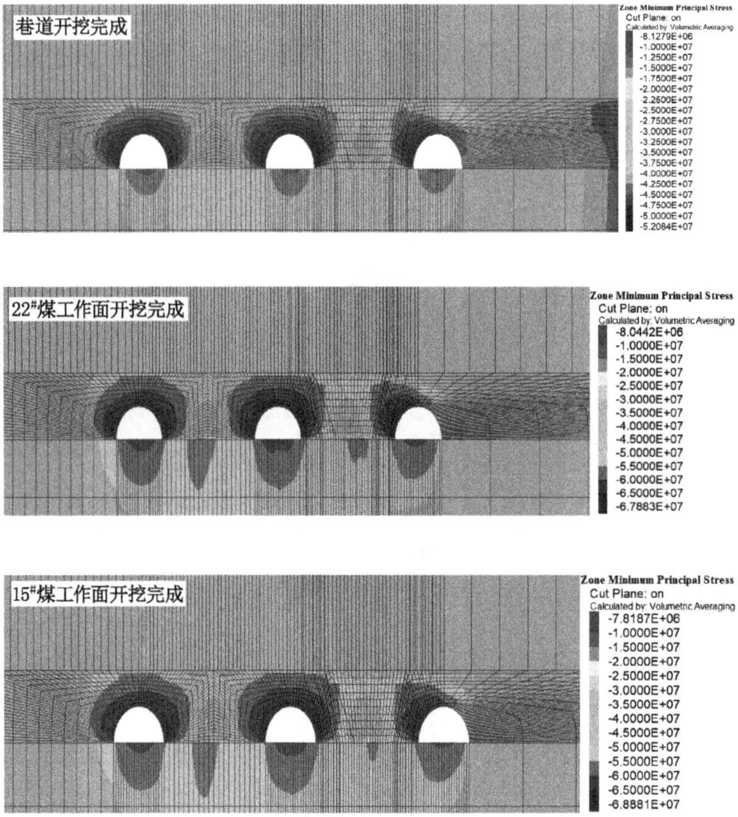

(b) 断面Ⅱ应力变化云图

图 2-24(续)

由图 2-24(a)可得：巷道开挖完成后，由于该区域巷道群密集，巷道之间采动应力集中，达到 35.12 MPa，应力集中位置位于巷道围岩 3.5 m 处；22# 煤工作面开挖完成后，由于巷道群受 22# 煤工作面采动影响，巷道采动应力重新分布，断面Ⅰ应力峰值由 35.12 MPa 变为 37.50 MPa；15# 煤工作面开挖完成后，巷道群受 15# 煤工作面采动影响，巷道采动应力重新分布，断面Ⅰ应力峰值由 37.50 MPa 变为 40.04 MPa。这说明巷道围岩应力变化受采动影响强烈。由图 2-24(b)可得：巷道开挖完成后，由于该区域巷道群密集，巷道间采动应力集中，尤其以 1570 运输石门和 1570 轨道巷之间采动应力峰值最大，达到 38.98 MPa，应力集中位置位于巷道围岩 7.5 m 处；22# 煤工作面开挖完成后，受 22# 煤工作面采动影响，巷道采动应力重新分布，断面Ⅱ应力峰值由 38.98 MPa 变为 50.28 MPa；15# 煤工作面开挖完成后，受 15# 煤工作面采动影响，巷道采动应力重新分布，断面Ⅱ应力峰值由 50.28 MPa 变为 60.88 MPa。这说明巷道围岩应力变化受采动影响强烈。由此可知，随着巷道的开挖及工作面反复扰动，巷道采动应力重新分布，巷道应力峰值逐渐增大，最高达 60.88 MPa，远超岩体抗压强度，围岩开挖后极易进入破坏状态，且围岩变得易破碎、强度降低、对应力扰动敏感，锚杆、锚索等主动支护形式难以有效调动巷道围岩承载能力，进而影响整体支护效果。

图 2-25 所示为工作面开采后应力扩散范围与围岩变形情况。由图 2-25(a)可得，15# 煤工作面开采完成后，工作面左侧应力呈蝶形扩展。1570 运输石门与轨道石门之间的应力传递未完全贯通，巷道顶部应力在 0.501～10 MPa 间。随着 15# 煤工作面开挖，采动应力扰动范围进一步扩大，轨道石门与运输石门之间应力贯通，最大应力达到 17.5 MPa。同时，1570 轨道石门顶板正上方的应力较未开挖 15# 煤工作面时增大了 57.14%。模拟结果表明，巷道群的集中开采及邻近煤层的开采对巷道结构产生了显著影响。由图 2-25(b)可得，22# 煤工作面开采完毕后，巷道变形呈现出上下近似对称分布的特点，其中靠近工作面采空区一侧的变形更为集中且严重。这表明采空区的存在加剧了围岩的应力重分布，导致巷道变形的局部化和集中化。而 15# 煤工作面开挖后，巷道变形模式发生了明显变化，出现分层变形现象。具体而言，15# 煤工作面采空区底部的下沉即将贯通至下部，且巷道顶部出现了最大变形区域，变形量达到 21.53 cm。这一变化表明，工作面开采对巷道群体产生了显著影响，尤其在密集巷道群体中，采空区的扩展和应力扰动加剧了巷道变形，从而进一步影响巷道稳定性和安全性。

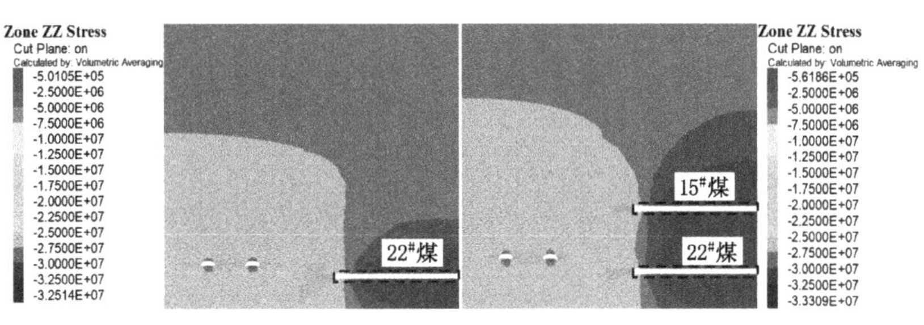

(a) 应力扩散范围

图 2-25 工作面开采后应力扩散范围与围岩变形情况

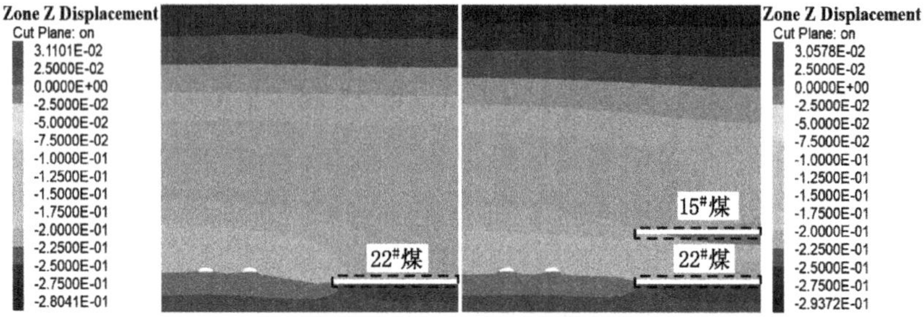

（b）围岩变形情况

图 2-25(续)

3　高应力破碎软岩巷道围岩内外承载体环形协同控制机理

3.1　内外承载体环形协同控制技术的主要结构和原理

作者提出了高应力破碎软岩巷道围岩内外承载体环形协同控制技术，如图 3-1 所示，其中预留变形与被动加强支护层结构如图 3-2 所示。为了便于理论分析，表现支护体系对巷道围岩稳定控制效果的连续性特征，将实际情况的近“O”形巷道转化为圆形巷道进行分析。

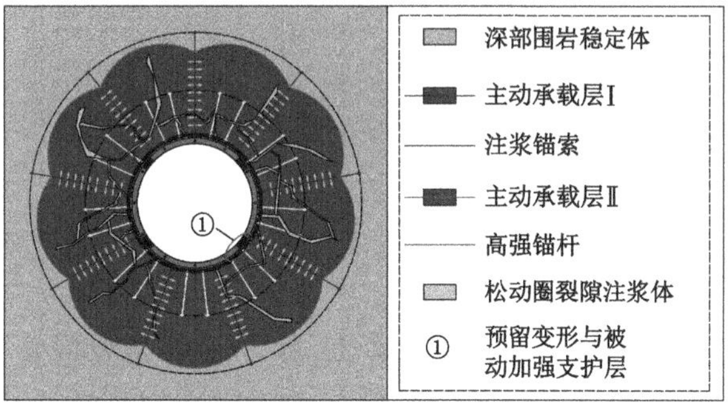

图 3-1　高应力破碎软岩巷道围岩环形协同承载控制结构

3.1.1　环形协同承载控制结构的组成

针对高应力破碎软岩巷道围岩典型软弱岩层特征，我们在探明围岩松动圈范围的基础上，提出了“内外协同承载、环形整体控制”的大巷支护体系。支护体系主要包括 2 个主动承载层、1 个被动加强层、2 个预留变形层。

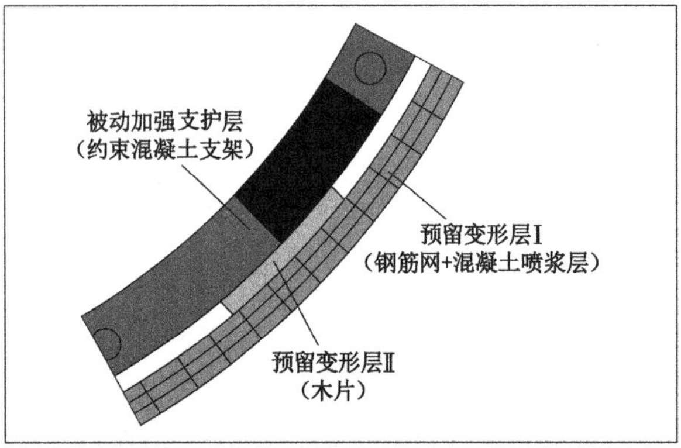

图 3-2 预留变形与被动加强支护层结构

第一主动承载层主要由注浆锚索与深部稳定围岩组成，锚索通过注浆材料与深部稳定围岩体黏结，共同组成巷道围岩第一层主动承载保障体系。

第二主动承载层由锚杆与注浆松动圈岩层组成，松动圈破碎围岩体通过注浆锚索注浆逐渐形成完整岩石圈层，锚杆顶端通过树脂锚固剂与稳定围岩体黏结，同时锚杆主要杆体通过树脂锚固剂和注浆材料与注浆松动圈岩层相黏结，在预紧力作用下共同组成了围岩第二层主动承载保障体系。从结构的承载作用角度分析，第二主动承载层是建立在第一主动承载层基础上的，同时也是第一主动承载层的加强层。

第一预留变形层由钢筋网和混凝土喷浆层组成，具有一定的压缩变形能力，能够为围岩变形提供变形空间支持。

第二预留变形层主要为非连续的木片层，具有较强的压缩变形能力，为第一预留变形层提供二次变形空间。

被动加强层为约束混凝土支架结构，其主要由无缝钢管、接口套管、混凝土和连接杆组成，整体结构具有较强的支撑强度和抗变形刚度，能够有效抵御大巷的整体大变形以及缓慢的蠕变变形。

上述五层结构工程组成了高应力破碎软岩巷道围岩内外承载体环形协同控制体系，有效地保障了巷道围岩的安全、稳定。

3.1.2 支护结构的环形协同承载控制原理

高应力破碎软岩巷道围岩内外承载体环形协同控制体系，将约束混凝土支架和注浆锚索作为核心结构，最终形成了“岩体改性、主动承载、变形让压、被动支撑"的高应力破碎软岩巷道围岩"多维环形、内外协同"防护模式与技术体系。整个控制技术体系对高应力破碎软岩巷道围岩的控制主要表现在以下五个层次：

第一层次，松动圈破碎岩体的岩层改性。注浆锚索是支护体系主动控制作用实现的核心，支护体系在构建过程中，注浆锚索对松动圈进行了注浆加固，注浆材料一方面对松动圈裂隙进行了填充，另一方面对裂隙两侧岩块进行了有效黏结。注浆加固之后松动圈岩体的承载能力（强度）和抗变形能力（刚度）都得到了有效提高，注浆锚索对松动圈破碎岩体实现了有效改性。

第二层次，深部稳定岩体的主动承载。注浆锚索通过深孔利用注浆浆液与深部稳定岩体黏结，以注浆锚索为媒介实现了深部稳定岩体与巷道表面的有效连接，深部稳定岩体为巷道变形的主动控制提供了稳定锚点，形成了巷道表面自由变形荷载向深部传递的承载作用机制；巷道断面内注浆锚索形成的承载辐射相互交织，构成了以注浆锚索与深部稳定围岩为主体的第一主动承载层。

第三层次，浅部改性岩体的主动承载。巷道松动圈围岩经过注浆改性之后形成相对独立的稳定结构。一方面，注浆锚索将改性岩层与深部稳定围岩连接，实现了改性岩层的稳定承载；另一方面，相对密集的锚杆有效地提高了改性岩层的承载能力，同时锚杆与稳定围岩结构的锚固连接，对浅部改性岩层的变形承载传递提供了媒介，构建了支护体系的第二主动承载层。

第四层次，缓冲结构的主动变形让压。主动变形让压是目前高应力破碎软岩巷道围岩控制的重要理念，通过布置一定尺度的自由空间为巷道围岩提供有限的变形空间，释放弹性能。高应力破碎软岩巷道内外承载体环形协同控制体系采用双让压层结构：钢筋网和混凝土喷浆层封闭煤岩裂隙，且具有较强的弹性收缩，能够在保证巷道主动让压的同时，防止突发性的大变形破坏；非连续木片层组成的第二层变形让压层具有较强的弹性压缩能力，能够在进一步提供让压空间的同时，保障钢筋网和混凝土喷浆层的稳定性。双层让压结构为巷道围岩能量的释放提供了有效的空间，同时也为改性岩层结构完整性提供保障。

第五层次，高强度的被动强化承载。约束混凝土支架结构是支护体系对围岩变形控制的最后一环，也是巷道安全的重要屏障。约束混凝土支架结构具有较强的承载力，能够有效抵御巷道围岩大变形荷载，实现了巷道围岩外部的强化承载。

3.2 支护承载体系对围岩控制的力学机制转化

3.2.1 支护承载体系工程作用的力学转化理念

3.2.1.1 支护承载体系作用的力学理论转化假设

内外承载体协同控制体系对高应力破碎软岩巷道围岩的控制作用在工程中的体现是多方面的，在构建支护承载体系对围岩控制的力学模型的过程中，需进行科学的假设和取舍。

首先，预留变形层结构仅为围岩变形提供空间，没有直接参与巷道围岩的变形控制，因此对巷道围岩无直接的力学作用，在力学模型建立的过程中忽略预留变形层。

其次，锚杆主要作用范围为巷道围岩破碎区。注浆前，巷道围岩处于破碎状态，因此锚杆对围岩变形的控制作用非常有限；注浆后，破碎围岩形成胶结体，锚杆的锚固作用逐渐显现，而这种作用与注浆有着密切联系。在力学机制分析与力学模型建立过程中，锚杆非稳定状态的控制表现无法体现，并且其对围岩的控制作用严重依赖注浆，因此，在力学机制分析与模型建立过程中将锚杆的作用作为常量，不进行专门分析。

从力学角度出发，支护体系对于围岩控制的作用主要体现在两个方面：一是改变岩层的力学性能；二是形成对巷道表面的支护荷载。因此，整个支护承载体系工程作用的力学转化也将从这两个角度展开。

3.2.1.2 注浆锚索支护结构的力学转化理念

本章利用注浆锚索对巷道围岩进行注浆加固。一方面，注浆材料将破碎岩体胶结成完整岩体，提高了其力学性能，在力学表现上主要是有效提高了黏聚力与内摩擦角；另一方面，注浆锚索分别通过托盘与注浆材料，对巷道表面与深部稳定岩层进行有效改性和锚固，并在预应力作用下控制煤岩体整体变形，在力学表现上增加对锚固范围内岩体的约束作用，提高注浆加固围岩抗剪切强度，也可将其转化为提高围岩的黏聚力。

3.2.1.3 约束混凝土支架支护结构的力学转化理念

约束混凝土支架支护结构对巷道围岩结构稳定性具有重要的作用。一方面，约束混凝土支架能够将承受应力均匀地分布到巷道围岩表面；另一方面，能对围岩产生显著的支撑控制作用，即提供强力支撑荷载。

3.2.2　注浆锚索注浆对围岩性能的力学表现

以莫尔-库仑准则作为巷道围岩体破坏的强度准则，高应力破碎围岩巷道注浆前其强度满足：

$$\sigma_\theta = \frac{1+\sin\varphi}{1-\sin\varphi}\sigma_r + \frac{2c\cos\varphi}{1-\sin\varphi} \tag{3-1}$$

式中：σ_θ 表示巷道围岩环向应力状态；σ_r 表示巷道围岩径向应力状态；c 表示围岩的黏聚力；φ 表示内摩擦角。

破碎围岩单轴抗压强度为：

$$\sigma_c = \frac{2c\cos\varphi}{1-\sin\varphi} \tag{3-2}$$

破碎围岩注浆加固后，围岩应力状态可表示为：

$$\sigma_\theta = \frac{1+\sin(\varphi+\Delta\varphi)}{1-\sin(\varphi+\Delta\varphi)}\sigma_r + \frac{2(c+\Delta c)\cos(\varphi+\Delta\varphi)}{1-\sin(\varphi+\Delta\varphi)} \tag{3-3}$$

式中，Δ 表示变化量。

破碎围岩注浆加固后，其单轴抗压强度为：

$$\sigma_c = \frac{2(c+\Delta c)\cos(\varphi+\Delta\varphi)}{1-\sin(\varphi+\Delta\varphi)} \tag{3-4}$$

注浆锚索对围岩强度的影响与注浆体参数、注浆锚索参数和预紧力有密切关系，其中，注浆锚索参数包括注浆锚索间排距、注浆锚索长度和注浆锚索直径等。定义注浆锚索密度因子 α 作为注浆对围岩强度影响的表征因子，表达式为：

$$\alpha = \frac{2\pi r_b \eta}{s_t s_r} = \frac{2\pi r_b \tan(\varphi/2)}{s_t s_r} \tag{3-5}$$

式中：η 为注浆锚索与围岩的摩阻系数，$\eta=\tan(\varphi/2)$；s_t 为巷道注浆锚索排距，s_r 为巷道注浆锚索间距；r_b 为注浆锚索半径。

根据莫尔-库仑准则在主应力坐标中的屈服轨迹（见图 3-3），注浆锚索支护前后屈服轨迹梯度关系可以表示为：

$$f^* = (1+\alpha)f \tag{3-6}$$

式中，f、f^* 分别代表注浆起始阶段（注浆效果未体现）与注浆锚固体（注浆效果完全体现）屈服轨迹的梯度。

图 3-3 中，轨迹线的截距表示注浆效果体现前、后的单轴抗压强度，其关系可以表示为：

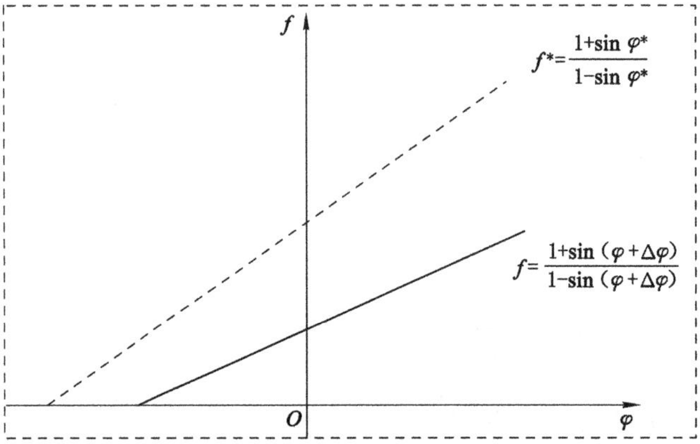

图 3-3　屈服准则主应力坐标中的屈服轨迹

$$\sigma_c^* = (1+\alpha)\sigma_c \tag{3-7}$$

式中：σ_c 为注浆效果体现前的单轴抗压强度；σ_c^* 为注浆效果体现后的单轴抗压强度。

注浆效果完全体现后围岩状态依旧符合莫尔-库仑准则，即：

$$\sigma_\theta^* = \frac{1+\sin\varphi^*}{1-\sin\varphi^*}\sigma_r + \frac{2c^*\cos\varphi^*}{1-\sin\varphi^*} \tag{3-8}$$

式中：σ_θ^* 表示巷道注浆效果完全体现后围岩环向应力；σ_r^* 表示巷道注浆效果完全体现后围岩径向应力；c^* 表示巷道注浆效果完全体现后围岩的黏聚力；φ^* 表示巷道注浆效果完全体现后围岩的内摩擦角。

破碎围岩单轴抗压强度为：

$$\sigma_c^* = \frac{2c^*\cos\varphi^*}{1-\sin\varphi^*} \tag{3-9}$$

将式(3-2)、式(3-4)、式(3-6)、式(3-7)代入式(3-9)可得：

$$\begin{cases} \dfrac{1+\sin\varphi^*}{1-\sin\varphi^*} = (1+\alpha)\dfrac{1+\sin(\varphi+\Delta\varphi)}{1-\sin(\varphi+\Delta\varphi)} \\ \dfrac{2c^*\cos\varphi^*}{1-\sin\varphi^*} = (1+\alpha)\dfrac{2(c+\Delta c)\cos(\varphi+\Delta\varphi)}{1-\sin(\varphi+\Delta\varphi)} \end{cases} \tag{3-10}$$

求解式(3-10)，可得锚注复合体(围岩注浆效果完全体现)的内摩擦角和黏聚力分别为：

$$\begin{cases} \varphi^* = \arcsin\left\{\dfrac{2\sin(\varphi+\Delta\varphi)+\alpha[1+\sin(\varphi+\Delta\varphi)]}{\alpha[1+\sin(\varphi+\Delta\varphi)]+2}\right\} \\ c^* = \dfrac{(1+\alpha)(c+\Delta c)\cos(\varphi+\Delta\varphi)(1-\sin\varphi^*)}{[1-\sin(\varphi+\Delta\varphi)]\cos\varphi^*} \end{cases} \tag{3-11}$$

3.2.3 注浆锚索预紧力对围岩性能的力学表现

式(3-11)为锚注复合体内摩擦角和黏聚力的力学表征,但其仅考虑了注浆加固和注浆锚索间排距对锚注复合体的影响,未考虑预紧力对锚注复合体的影响。但是,注浆锚索施加的预紧力能够有效提高岩体破裂面的抗剪强度,增加破裂面的黏结力。

3.2.3.1 注浆锚索受力模型

取锚索锚固段内任一长度为 dz 的锚索微单元体,注浆锚索外直径为 $2r_b$,注浆孔直径为 $2d$,锚固长度为 L,自由段长度为 z_1,预紧力为 p,锚固段表面剪应力为 $\tau(z)$,锚固段注浆锚索轴向位移为 $u(z)$,如图 3-4 所示。

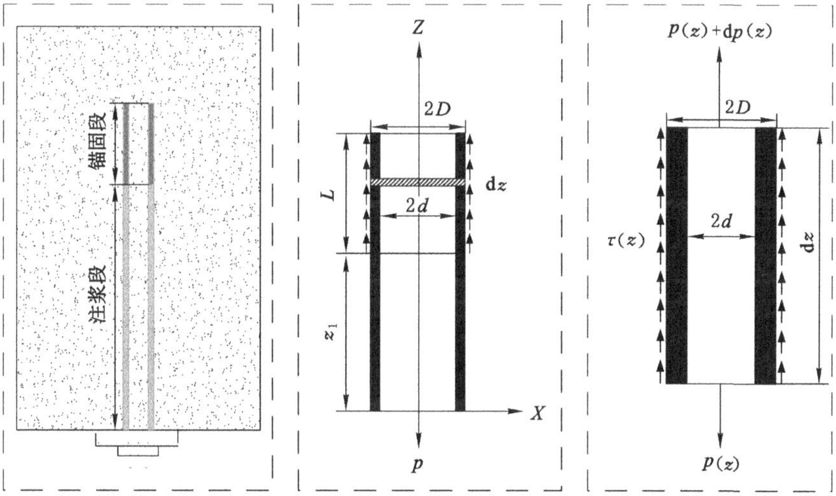

(a) 注浆锚索锚固结构特征　(b) 注浆锚索受力特征　(c) 注浆锚索微元力学特征

图 3-4 注浆锚索微元锚固状态下受力特征

考虑注浆锚索锚固微单元体的轴向荷载平衡,得到:

$$p(z)+dp(z)=2\pi r_b\tau(z)dz+p(z) \tag{3-12}$$

式中,$p(z)$、$\tau(z)$为锚固段注浆锚索对应的轴力与剪力。

由式(3-12)可得:

$$\frac{dp(z)}{dz}=2\pi r_b\tau(z) \tag{3-13}$$

根据胡克定律,注浆锚索轴力与弹性变形之间的关系为:

$$p(z)=\pi(r_{\mathrm{b}}^{2}-d^{2})E_{\mathrm{b}}\frac{\mathrm{d}u(z)}{\mathrm{d}z} \tag{3-14}$$

式中，E_{b} 为注浆锚索材料弹性模量。

假定围岩与注浆锚索通过树脂锚固剂黏结良好，未产生界面滑脱破坏，注浆锚索与围岩之间处于弹性协调变形阶段，则可将注浆锚索表面剪应力表示为：

$$\tau(z)=ku(z) \tag{3-15}$$

式中，k 为围岩与注浆锚索界面剪切刚度，计算方法如下：

$$k=\frac{G_{\mathrm{g1}}G_{\mathrm{m}}}{[G_{\mathrm{m}}\ln(r_{\mathrm{g}}+r_{\mathrm{b}})+G_{\mathrm{g1}}\ln(R/r_{\mathrm{b}})]r_{\mathrm{b}}} \tag{3-16}$$

式中，G_{g1}、G_{m}、r_{g} 和 R 分别表示锚固剂的剪切模量、围岩的剪切模量、钻孔半径与注浆锚索的影响半径。

联立式(3-12)～式(3-16)可得：

$$\frac{\mathrm{d}^{2}u(z)}{\mathrm{d}z^{2}}=\frac{2r_{\mathrm{b}}k}{E_{\mathrm{b}}(r_{\mathrm{b}}^{2}-d^{2})}u(z) \tag{3-17}$$

设参数 γ 的表达式如下：

$$\gamma=\sqrt{\frac{2r_{\mathrm{b}}k}{E_{\mathrm{b}}(r_{\mathrm{b}}^{2}-d^{2})}} \tag{3-18}$$

式(3-17)可转化为：

$$\frac{\mathrm{d}^{2}u(z)}{\mathrm{d}z^{2}}-\gamma^{2}u(z)=0 \tag{3-19}$$

式(3-19)为一齐次微分方程，由齐次方程的通解可得：

$$u(z)=C_{1}\mathrm{e}^{\gamma z}+C_{2}\mathrm{e}^{-\gamma z} \tag{3-20}$$

将式(3-20)代入式(3-19)得：

$$\begin{cases}p(z)=\pi(r_{\mathrm{b}}^{2}-b^{2})E_{\mathrm{b}}\gamma(C_{1}\mathrm{e}^{\gamma z}-C_{2}\mathrm{e}^{-\gamma z})\\ \tau(z)=\dfrac{E_{\mathrm{b}}\gamma^{2}}{2r_{\mathrm{b}}}(r_{\mathrm{b}}^{2}-b^{2})(C_{1}\mathrm{e}^{\gamma z}+C_{2}\mathrm{e}^{-\gamma z})\end{cases} \tag{3-21}$$

由图 3-4 可知，注浆后注浆锚索边界条件为：$p(z)|_{z=0}=p$，$p(z)|_{z1+L}=0$，则式(3-21)待定常数 C_1、C_2 为：

$$\begin{cases}C_{1}=\dfrac{p}{\gamma_{1}\pi E_{\mathrm{a}}(r_{\mathrm{b}}^{2}-b^{2})[1-\mathrm{e}^{2\gamma_{2}(L+z_{1})}]}\\ C_{2}=\dfrac{p\mathrm{e}^{2\gamma_{2}(L+z_{1})}}{\gamma_{1}\pi E_{\mathrm{a}}(r_{\mathrm{b}}^{2}-b^{2})[1-\mathrm{e}^{2\gamma_{2}(L+z_{1})}]}\end{cases} \tag{3-22}$$

式中：$\gamma_1=\sqrt{\dfrac{2r_b k_1}{E_a(r_b^2-d^2)}}$、$\gamma_2=\sqrt{\dfrac{2r_b k_2}{E_a(r_b^2-d^2)}}$；$k_1$、$k_2$ 分别为注浆段和锚固段围岩与注浆锚索界面剪切刚度，表达形式如式(3-23)所列。

$$\begin{cases} k_1 = \dfrac{G_{g1}(G_m+\Delta G_m)}{[(G_m+\Delta G_m)\ln(r_g+r_b)+G_{g1}\ln(R/r_b)]r_b} \\ k_2 = \dfrac{G_{g2}(G_m+\Delta G_m)}{[(G_m+\Delta G_m)\ln(r_g+r_b)+G_{g2}\ln(R/r_b)]r_b} \end{cases} \tag{3-23}$$

式中，G_{g1}、G_{g2}、ΔG_m 为锚固剂的剪切模量、浆液的剪切模量与注浆围岩剪切模量增加量。

注浆后，注浆锚索中空部分充填浆液，将注浆锚索与浆液视为整体，其复合有效弹性模量 E_a 为：

$$E_a=\frac{E_b A_b+E_g A_g}{A}=\frac{E_b(r_b^2-d^2)+E_g d^2}{r_b^2} \tag{3-24}$$

式中：E_b、E_g 分别为注浆锚索与浆液的弹性模量；A_g、A_b 分别为注浆锚索与浆液的面积。

由于注浆锚索为全长锚固，则注浆后注浆锚索所受轴力 $p(z)$、剪力 $\tau(z)$分段表达式为：

注浆锚固段($0\leqslant z\leqslant z_1$)：

$$\begin{cases} p(z)=\dfrac{p}{1-e^{2\gamma_2(L+z_1)}}\left[e^{\gamma_1 z}-e^{2\gamma_2(z_1+L)-\gamma_1 z}\right] \\ \tau(z)=\dfrac{\gamma_2^2 p}{2\pi r_b\left[1-e^{2\gamma_2(L+z_1)}\right]}\left[e^{\gamma_1 z}+e^{2\gamma_2(z_1+L)-\gamma_1 z}\right] \end{cases} \tag{3-25}$$

端部锚固段($z_1<z\leqslant z_1+L$)：

$$\begin{cases} p(z)=\dfrac{p\gamma_2}{\gamma_1\left[1-e^{2\gamma_2(L+z_1)}\right]}\left[e^{\gamma_2 z}-e^{\gamma_2(2z_1+2L-z)}\right] \\ \tau(z)=\dfrac{\gamma_2^2 p}{2\pi r_b\gamma_1\left[1-e^{2\gamma_2(L+z_1)}\right]}\left[e^{\gamma_2 z}+e^{\gamma_2(2z_1+2L-z)}\right] \end{cases} \tag{3-26}$$

3.2.3.2　锚注复合体受力分析

锚注复合体最大主应力与注浆锚索垂直，锚注复合体主破裂面方向与最大主应力方向夹角 $\beta=\dfrac{\pi}{4}-\dfrac{\varphi^*}{4}$，则注浆锚索预紧力提供的黏聚力为：

$$c_n=\frac{p(z)}{s_1 s_r}\cos\beta\tan\varphi^* \tag{3-27}$$

由式(3-27)可知，锚注复合体黏聚力由三部分组成：第一部分是注浆加固围岩提高了锚注复合体的抗剪强度；第二部分是注浆锚索提高了锚注复合体的抗剪强度；第三部分是注浆锚索施加的高预紧力改善了锚注复合体的受力状态。因此，锚注复合体的黏聚力为：

$$c' = \frac{1}{L+z_1}\int_0^{L+z_1}(c^* + c_n)\mathrm{d}z \tag{3-28}$$

令：

$$\delta(z) = \frac{1}{L+z_1}\int_0^{L}\frac{p}{1-\mathrm{e}^{2\gamma_2(L+z_1)}}\left[\mathrm{e}^{\gamma_1 z} - \mathrm{e}^{2\gamma_2(z_1+L)-\gamma_1 z}\right]\mathrm{d}z + \frac{1}{L+z_1}\int_L^{L+z_1}\frac{p\gamma_2}{\gamma_1\left[1-\mathrm{e}^{2\gamma_2(L+z_1)}\right]}\left[\mathrm{e}^{\gamma_2 z} - \mathrm{e}^{\gamma_2(2z_1+2L-z)}\right]\mathrm{d}z \tag{3-29}$$

则锚注复合体的黏聚力为：

$$c' = \frac{(1+\alpha)(c+\Delta c)\cos(\varphi+\Delta\varphi)(1-\sin\varphi^*)}{[1-\sin(\varphi+\Delta\varphi)]\cos\varphi^*} + \frac{\delta(z)}{s_1 s_r}\cos\beta\tan\varphi^* \tag{3-30}$$

3.2.4 约束混凝土支架支护结构的力学机制

约束混凝土支架对巷道围岩控制作用主要表现在应力荷载的均匀转化与提供强力支撑荷载方面。在弹塑性理论与梁的弯曲理论的框架下，施加荷载时，约束混凝土支架会发生弯曲变形，弯曲变形的大小与所受的外部荷载成二次函数关系。根据弹塑性理论，荷载与结构之间的变形可以通过弹性模量和截面惯性矩来描述。考虑到约束混凝土支架的动载力学行为，在围岩应力 p_0 的作用下约束混凝土支架的支撑力 p' 随时间的动态响应可以表示为：

$$m\frac{\mathrm{d}^2 w}{\mathrm{d}t^2} + \lambda\frac{\mathrm{d}w}{\mathrm{d}t} + kw = p' \tag{3-31}$$

式中：m 为支架的质量；λ 为阻尼系数；k 为刚度；t 为时间；w 为挠度；p' 为混凝土的支撑力。

该支撑荷载为随时间变化的二次函数，可与锚索的预紧力进行线性叠加，作为改变岩层力学性能的参量，可表示为：

$$p'(t) = p'_0 + at^2 \tag{3-32}$$

式中：p'_0 为 $t=0$ 时刻提供的支撑力；a 为与原岩应力有关的常数。

将式(3-32)代入式(3-31)，可得：

$$m\frac{\mathrm{d}^2 w}{\mathrm{d}t^2} + \lambda\frac{\mathrm{d}w}{\mathrm{d}t} + kw = p'_0 + at^2 \tag{3-33}$$

通过求解二阶齐次微分方程，可得 w 与时间 t 的关系；通过进一步求解对挠度的导数，就可以得到支撑力 p' 关于时间 t 的表达式。

3.2.5 整体承载结构对围岩控制的力学转化模型

支护承载体系在对巷道围岩进行控制的过程中，所有的支护作用和注浆改性等工程问题均可转化至对围岩力学性能（围岩材料的内摩擦角 φ 和黏聚力 c）进行分析。其中，仅有注浆作用会提高岩层的内摩擦角，但是注浆作用、锚索预紧力和约束混凝土支架的支撑荷载整体改变岩层的黏聚力。根据上述分析可以得到，整体承载系统作用下巷道围岩内摩擦角和黏聚力为：

$$\begin{cases}\varphi^{*}=\arcsin\left\{\dfrac{2\sin(\varphi+\Delta\varphi)+\alpha[1+\sin(\varphi+\Delta\varphi)]}{\alpha[1+\sin(\varphi+\Delta\varphi)]+2}\right\}\\ c'=\dfrac{(1+\alpha)(c+\Delta c)\cos(\varphi+\Delta\varphi)(1-\sin\varphi')}{[1-\sin(\varphi+\Delta\varphi)]\cos\varphi'}+p\cos\beta\tan\varphi^{*}\end{cases} \tag{3-34}$$

式中，p 为锚索预紧力，其表达式为：

$$p=\frac{\delta'(z)}{s_1 s_r} \tag{3-35}$$

$$\delta'(z)=\frac{1}{L+z_1}\int_0^L\frac{p+p'}{1-e^{2\gamma_2(L+z_1)}}[e^{\gamma_1 z}-e^{2\gamma_2(z_1+L)-\gamma_1 z}]dz+\frac{1}{L+z_1}\int_L^{L+z_1}\frac{(p+p')\gamma_2}{\gamma_1[1-e^{2\gamma_2(L+z_1)}]}[e^{\gamma_2 z}-e^{\gamma_2(2z_1+2L-z)}]dz \tag{3-36}$$

式中，p' 为约束混凝土支架支撑荷载。

3.3 高应力破碎软岩巷道围岩稳定性力学模型

3.3.1 高应力破碎软岩巷道围岩稳定性力学模型的建立

巷道开挖之后，主要经历三个阶段：第一阶段，巷道开挖瞬间，原始应力状态被打破，巷道围岩产生瞬时弹性变形；第二阶段，为了保障巷道的安全，对巷道围岩进行有效的支护，巷道快速变形逐渐被控制；第三阶段，支护作用下，巷道围岩应力状态进行调整，最终形成了围岩完整的分区（破裂区、塑性区、黏弹性区）。由于巷道变形问题为典型的平面应变问题，因此可以取二维断面作为研究对象，建立巷道围岩稳定性分析的力学模型。三个变形阶段巷道围岩受力特征如图 3-5 所示。

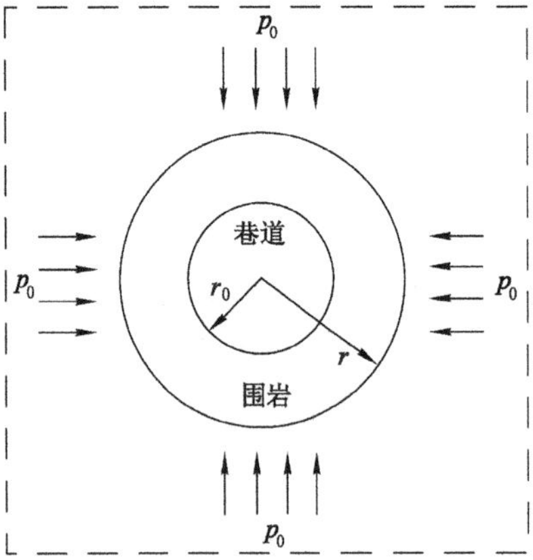

(a) 巷道开挖阶段

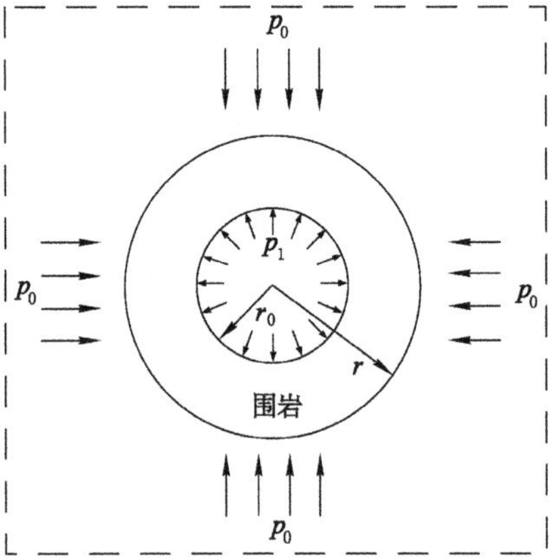

(b) 巷道临时支护阶段

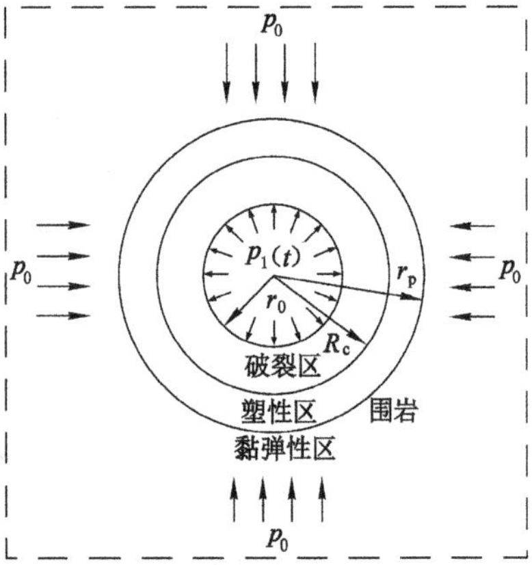

(c) 围岩完整分区形成阶段

图 3-5　不同阶段巷道围岩受力特征

对于图 3-5 所示的高应力破碎软岩巷道围岩稳定性力学模型，假设巷道围岩周边荷载为均匀荷载，即：

$$p_0 = \rho g H \tag{3-37}$$

式中：ρ 为巷道围岩材料密度；g 为重力加速度；H 为巷道埋深。

3.3.2　高应力破碎软岩巷道围岩应力状态解析

3.3.2.1　巷道围岩黏弹性区应力状态

根据软岩力学特征，选择伯格（Burgers）模型作为黏弹性区围岩特性研究的本构模型，模型如图 3-6 所示。

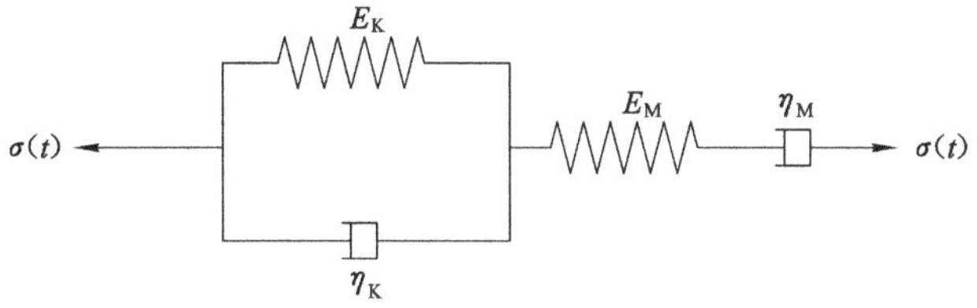

图 3-6　岩石流变伯格（Burgers）模型

模型的本构关系式为：

$$\eta_K\ddot{\varepsilon}+E_K\dot{\varepsilon}=\frac{\eta_K}{E_M}\ddot{\sigma}+\left(1+\frac{E_K}{E_M}+\frac{\eta_K}{\eta_M}\right)\dot{\sigma}+\frac{E_K}{\eta_M}\sigma \tag{3-38}$$

式中：η_K 为开尔文（Kelvin）体黏性系数；η_M 为马克斯维尔（Maxwell）体黏性系数；E_K 为开尔文（Kelvin）体弹性系数；E_M 为马克斯维尔（Maxwell）体弹性系数。

依据岩石力学流变理论，岩石流变伯格模型应力-应变关系可以写为一般形式：

$$\begin{cases}f(D)s_{rs}=2g(D)e_{rs}\\ f_1(D)s=3g_1(D)e\end{cases} \tag{3-39}$$

式中：D 表示对时间 t 的微分算子，有 $D^n=\frac{\partial^n}{\partial t^n}$；$f(D)$、$g(D)$ 分别表示应力、应变的多项式；s_{rs}、e_{rs} 分别表示应力偏张量和应变偏张量，$s_{rs}=\sigma_{rs}-\sigma$，$e_{rs}=\varepsilon_{rs}-\varepsilon$；$\sigma$、$\varepsilon$ 分别表示平均应力和平均应变，$\sigma=\frac{1}{3}(\sigma_x+\sigma_y+\sigma_z)$，$\varepsilon=\frac{1}{3}(\varepsilon_x+\varepsilon_y+\varepsilon_z)$。

黏弹性问题属于弹性问题的范畴，根据弹性力学基本知识，弹性范围内任意一点[图 3-5(a)，距离 r 处]的应力分量表达式为：

$$\begin{cases}\sigma_{re}=A+\frac{B}{r^2}\\ \sigma_{\theta e}=A-\frac{B}{r^2}\end{cases} \tag{3-40}$$

式中：σ_{re}、$\sigma_{\theta e}$分别表示弹性区径向应力、环向应力；A、B 为常数，需要通过边界连续条件获得。

在无穷远处：

$$\sigma_{re}+\sigma_{\theta e}=2A=2p_0 \tag{3-41}$$

可得：

$$A=p_0 \tag{3-42}$$

而常数 B 需要根据塑性区应力状态与连续性条件求解。

根据黏弹性问题的计算方法，综合可得黏弹性区内应力为：

$$\begin{cases}\sigma_{res}=p_0+(\sigma_{rp/r=R_p}-p_0)\left(\dfrac{R_p}{r^2}\right)^2\\ \sigma_{\theta es}=p_0-(\sigma_{rp/r=R_p}-p_0)\left(\dfrac{R_p}{r^2}\right)^2\end{cases} \tag{3-43}$$

3.3.2.2　巷道围岩塑性区应力状态

巷道围岩状态的变化是一个连续的过程，这一过程中，围岩在周围荷载的作用下首先从弹性状态转化到塑性状态，然后巷道周围开始逐渐破裂并向深部延伸，承载体的支护作用使得塑性区与破裂区的延伸受到限制，在整个过程中认为三区已趋于稳定，在计算中认为破裂区产生之前塑性区已经相对稳定。

在塑性区内，应力分量满足以下平衡条件：

$$\frac{\partial\sigma_{rp}}{\partial r}+\frac{\sigma_{rp}-\sigma_{\theta p}}{r}=0 \tag{3-44}$$

同时，应力分量满足莫尔-库仑准则：

$$\sigma_{\theta p}=\frac{1+\sin\varphi}{1-\sin\varphi}\sigma_{rp}+\frac{2c\cos\varphi}{1-\sin\varphi} \tag{3-45}$$

根据式(3-44)和式(3-45)，可得：

$$\sigma_{rp}+c\cot\varphi=Dr^{\frac{2\sin\varphi}{1-\sin\varphi}} \tag{3-46}$$

式中，D 为常数。

由于在破裂区开始出现之前，塑性区已经趋于稳定，因此，塑性区内部边界条件为：

$$\sigma_{rp/r=r_0}=p_1 \tag{3-47}$$

将式(3-47)代入式(3-46)，可得：

$$D=(p_1+c\cot\varphi)/r_0^{\frac{2\sin\varphi}{1-\sin\varphi}} \tag{3-48}$$

将式(3-48)代入式(3-46)，可得：

$$\sigma_{\mathrm{rp}} = (p_1 + c\cot\varphi)\left(\frac{r}{r_0}\right)^{\frac{2\sin\varphi}{1-\sin\varphi}} - c\cot\varphi \tag{3-49}$$

将式(3-49)代入式(3-45)，可得：

$$\sigma_{\theta\mathrm{p}} = \frac{1+\sin\varphi}{1-\sin\varphi}(p_1 + c\cot\varphi)\left(\frac{r}{r_0}\right)^{\frac{2\sin\varphi}{1-\sin\varphi}} - c\cot\varphi \tag{3-50}$$

并且在弹塑性交界处有：

$$\sigma_{\mathrm{rp}} + \sigma_{\theta\mathrm{p}} = 2p_0 \tag{3-51}$$

将式(3-49)、式(3-50)代入式(3-51)，可得：

$$(p_1 + c\cot\varphi)\left(\frac{r}{r_0}\right)^{\frac{2\sin\varphi}{1-\sin\varphi}} - c\cot\varphi + \frac{1+\sin\varphi}{1-\sin\varphi}(p_1 + c\cot\varphi)\left(\frac{r}{r_0}\right)^{\frac{2\sin\varphi}{1-\sin\varphi}} - c\cot\varphi = 2p_0 \tag{3-52}$$

求得塑性区半径为：

$$R_{\mathrm{p}} = r_0\left[\frac{(c\cot\varphi + p_0)(1-\sin\varphi)}{c\cot\varphi + p_1}\right]^{\frac{1-\sin\varphi}{2\sin\varphi}} \tag{3-53}$$

根据以下应力连续条件：

$$\sigma_{\mathrm{re}/r=R_{\mathrm{p}}} = \sigma_{\mathrm{rp}/r=R_{\mathrm{p}}} \tag{3-54}$$

将式(3-40)第一式、式(3-49)代入式(3-54)，可得：

$$\sigma_{\mathrm{re}/r=R_{\mathrm{p}}} = p_0 + \frac{B}{R_{\mathrm{p}}^2} = \sigma_{\mathrm{rp}/r=R_{\mathrm{p}}} \tag{3-55}$$

解得：

$$B = R_{\mathrm{p}}^2(\sigma_{\mathrm{rp}/r=R_{\mathrm{p}}} - p_0) \tag{3-56}$$

将式(3-42)、式(3-56)代入式(3-40)，可得：

$$\begin{cases} \sigma_{\mathrm{re}} = p_0 + (\sigma_{\mathrm{rp}/r=R_{\mathrm{p}}} - p_0)\left(\dfrac{R_{\mathrm{p}}}{r^2}\right)^2 \\ \sigma_{\theta\mathrm{e}} = p_0 - (\sigma_{\mathrm{rp}/r=R_{\mathrm{p}}} - p_0)\left(\dfrac{R_{\mathrm{p}}}{r^2}\right)^2 \end{cases} \tag{3-57}$$

3.3.2.3　巷道围岩破裂区应力状态

随着巷道围岩逐渐变形，围岩逐渐由塑性状态变为破裂状态，在这一过程中，可以认为破裂区是在塑性区稳定之后逐渐向围岩内部扩展的。破裂区围岩应力状态可以参考塑性区问题分析。

在破裂区，应力分量同样满足平衡条件和莫尔-库仑准则，与塑性区的区别在于各种岩石参数不同。

破裂区平衡条件为：

$$\frac{\partial \sigma_{rc}}{\partial r} + \frac{\sigma_{rc} - \sigma_{\theta c}}{r} = 0 \tag{3-58}$$

破裂区莫尔-库仑准则为：

$$\sigma_{\theta c} = \frac{1 + \sin \varphi_c}{1 - \sin \varphi_c}\sigma_{rc} + \frac{2c_c \cos \varphi_c}{1 - \sin \varphi_c} \tag{3-59}$$

式中：φ_c 为破裂区岩体的内摩擦角；c_c 为破裂区岩体的黏聚力。

根据前面塑性区应力分量求解方法，破裂区应力分量表达式为：

$$\begin{cases} \sigma_{rc} = (p_1 + c_c \cot \varphi_c)\left(\dfrac{r}{r_0}\right)^{\frac{2\sin \varphi_c}{1-\sin \varphi_c}} - c_c \cot \varphi_c \\ \sigma_{\theta c} = \dfrac{1 + \sin \varphi_c}{1 - \sin \varphi_c}(p_1 + c_c \cot \varphi_c)\left(\dfrac{r}{r_0}\right)^{\frac{2\sin \varphi_c}{1-\sin \varphi_c}} - c_c \cot \varphi_c \end{cases} \tag{3-60}$$

在塑性区与破裂区的交界面，径向应力和变形都连续，即交界面上的径向应变相等：

$$\varepsilon_{rp/r=R_c} = \varepsilon_{rc/r=R_c} \tag{3-61}$$

根据一般应力-应变关系得到：

$$\sigma_{rp/r=R_c} - \frac{\mu_p}{1-\mu_p}\sigma_{\theta p/r=R_c} = \sigma_{rc/r=R_c} - \frac{\mu_c}{1-\mu_c}\sigma_{\theta c/r=R_c} \tag{3-62}$$

式(3-62)无法得到破裂区半径表达式的解析解，将具体参数代入就能得到具体情况下的破裂区半径。

3.3.3 高应力破碎软岩巷道围岩变形状态解析

3.3.3.1 巷道围岩黏弹性区变形特征

在弹性区，其物理方程和几何方程为：

$$\begin{cases} \varepsilon_{re} = \dfrac{1-\mu}{E}\left(\sigma_{re} - \dfrac{\mu}{1-\mu}\sigma_{\theta e}\right) \\ \varepsilon_{\theta e} = \dfrac{1-\mu}{E}\left(\sigma_{\theta e} - \dfrac{\mu}{1-\mu}\sigma_{re}\right) \end{cases} \tag{3-63}$$

$$\begin{cases} \varepsilon_{re} = \dfrac{\partial u_r}{\partial r} \\ \varepsilon_{\theta e} = \dfrac{u_r}{r} + \dfrac{1}{r}\dfrac{\partial u_\theta}{\partial \theta} \\ \dfrac{1}{r}\dfrac{\partial u_r}{\partial \theta} + \dfrac{\partial u_\theta}{\partial r} - \dfrac{u_\theta}{r} = 0 \end{cases} \tag{3-64}$$

根据式(3-63)、式(3-64)可得：

$$u_{re}=\frac{1}{2G}\left[(1-2\mu)p_0r-\frac{R_p^2(\sigma_{rp/r=R_p}-p_0)}{r}\right] \tag{3-65}$$

将本构关系代入式(3-65)得：

$$u'_{re}=\frac{1-2\mu}{2\left[\dfrac{\eta_K s^2+E_K s}{\dfrac{\eta_K}{E_M}s^2+\left(1+\dfrac{E_K}{E_M}+\dfrac{\eta_K}{\eta_M}\right)s+\dfrac{E_K}{\eta_M}}\right]}\frac{p_0r}{s}-\frac{1}{2\left[\dfrac{\eta_K s^2+E_K s}{\dfrac{\eta_K}{E_M}s^2+\left(1+\dfrac{E_K}{E_M}+\dfrac{\eta_K}{\eta_M}\right)s+\dfrac{E_K}{\eta_M}}\right]}$$

$$\left[\left(\frac{p_1}{s}+c\cot\varphi\right)\left(\frac{R_p}{r_0}\right)^{\frac{2\sin\varphi}{1-\sin\varphi}}-c\cot\varphi-\frac{p_0}{s}\right]\frac{R_p^2}{r} \tag{3-66}$$

对式(3-66)进行拉普拉斯逆变换，可得：

$$u_{res}=\frac{p_0r}{2}(1-2\mu)A-\frac{R_p^2}{2r}\left[p_1\left(\frac{R_p}{r_0}\right)^{\frac{2\sin\varphi}{1-\sin\varphi}}-p_0\right]A-\frac{R_p^2}{2r}c\cot\varphi\left[\left(\frac{R_p}{r_0}\right)^{\frac{2\sin\varphi}{1-\sin\varphi}}-1\right]B \tag{3-67}$$

其中：

$$\begin{cases}A=\dfrac{1}{E_M}e^{-\frac{E_K}{\eta_K}t}+\left(\dfrac{1}{\eta_K}+\dfrac{E_K}{\eta_K E_M}+\dfrac{1}{\eta_M}\right)\dfrac{\eta_K}{E_K}(1-e^{-\frac{E_K}{\eta_K}t})+\dfrac{E_K}{\eta_K\eta_M}\left(\dfrac{\eta_K}{k_K}\right)^2\left(\dfrac{E_K}{\eta_K}t-1+e^{-\frac{E_K}{\eta_K}t}\right)\\ B=\dfrac{1}{E_M}-\dfrac{E_K}{E_M}e^{-\frac{E_K}{\eta_K}t}+\left(\dfrac{1}{\eta_K}+\dfrac{E_K}{\eta_K E_M}+\dfrac{1}{\eta_M}\right)e^{-\frac{E_K}{\eta_K}t}+\dfrac{1}{\eta_M}(1-e^{-\frac{E_K}{\eta_K}t})\end{cases} \tag{3-68}$$

式(3-67)即围岩黏弹性区变形表达式。

3.3.3.2 巷道围岩塑性区变形特征

在对塑性区变形进行分析时，通常认为塑性区是在小变形情况下体积不变，即：

$$\varepsilon_p=\varepsilon_{rp}+\varepsilon_{\theta p}=0 \tag{3-69}$$

在巷道变形的物理意义上可以表示为：

$$\Delta A/_{r=R_p}=\Delta A/_{r=R_c} \tag{3-70}$$

即：

$$2\pi R_p u_{res}=2\pi R_c u_{rp} \tag{3-71}$$

将式(3-67)代入式(3-71)得：

$$u_{rp/r=R_c}=\frac{R_p}{R_c}\left\{\frac{p_0R_p}{2}(1-2\mu)A-\frac{R_p}{2}\left[p_1\left(\frac{R_p}{r_0}\right)^{\frac{2\sin\varphi}{1-\sin\varphi}}-p_0\right]A-\frac{R_p}{2}c\cot\varphi\left[\left(\frac{R_p}{r_0}\right)^{\frac{2\sin\varphi}{1-\sin\varphi}}-1\right]B\right\} \tag{3-72}$$

3.3.3.3 巷道围岩破裂区变形特征

在对破裂区变形进行分析时，需解决巷道表面的变形显现问题，即要得到巷道围岩表面变形的模型。对于高应力破碎软岩巷道围岩，破裂区位移是重点。破裂区整体位移包括两个方面，一是由于塑性区变形而产生的巷道整体变形，二是由于破裂区体积扩大而产生的位移。在整体位移求解过程中，由塑性区变形而使得破裂区产生位移可以通过在交界面处的位移相等表示，扩容产生的位移则通过力学分析得到。

在破裂区中，假设在某点存在两个应变 ε_{rc} 和 $\varepsilon_{\theta c}$，并存在以下关系：

$$\frac{\varepsilon_{rc}}{\varepsilon_{\theta c}}=\mu_c \tag{3-73}$$

式中，μ_c 表示破裂区内部的泊松比。

根据应变定义，在塑性区与破裂区交界面处泊松比为：

$$\mu_{R_c}=\frac{\left[(p_1+c\cot\varphi)\left(\frac{R_c}{r_0}\right)^{\frac{2\sin\varphi}{1-\sin\varphi}}-c\cot\varphi\right]-\frac{\mu}{1-\mu}\left[\frac{1+\sin\varphi}{1-\sin\varphi}(p_1+c\cot\varphi)\left(\frac{R_c}{r_0}\right)^{\frac{2\sin\varphi}{1-\sin\varphi}}-c\cot\varphi\right]}{\left[\frac{1+\sin\varphi}{1-\sin\varphi}(p_1+c\cot\varphi)\left(\frac{R_c}{r_0}\right)^{\frac{2\sin\varphi}{1-\sin\varphi}}-c\cot\varphi\right]-\frac{\mu}{1-\mu}\left[(p_1+c\cot\varphi)\left(\frac{R_c}{r_0}\right)^{\frac{2\sin\varphi}{1-\sin\varphi}}-c\cot\varphi\right]} \tag{3-74}$$

$$\mu_{R_p}=\frac{\left[(p_1+c_p\cot\varphi_p)\left(\frac{r}{r_0}\right)^{\frac{2\sin\varphi_p}{1-\sin\varphi_p}}-c_p\cot\varphi_p\right]-\frac{\mu}{1-\mu}\left[\frac{1+\sin\varphi_p}{1-\sin\varphi_p}(p_1+c_p\cot\varphi_p)\left(\frac{r}{r_0}\right)^{\frac{2\sin\varphi_p}{1-\sin\varphi_p}}-c_p\cot\varphi_p\right]}{\left[\frac{1+\sin\varphi_p}{1-\sin\varphi_p}(p_1+c_p\cot\varphi_p)\left(\frac{r}{r_0}\right)^{\frac{2\sin\varphi_p}{1-\sin\varphi_p}}-c_p\cot\varphi_p\right]-\frac{\mu}{1-\mu}\left[(p_1+c_p\cot\varphi_p)\left(\frac{r}{r_0}\right)^{\frac{2\sin\varphi_p}{1-\sin\varphi_p}}-c_p\cot\varphi_p\right]} \tag{3-75}$$

在破裂区内部泊松比为：

$$\mu_c=\frac{\mu_{R_c}+\mu_{R_p}}{2} \tag{3-76}$$

在破裂区内应变的几何方程为：

$$\begin{cases}\varepsilon_r^p=\dfrac{du_r^p}{dr}\\[2ex]\varepsilon_\theta^p=\dfrac{u_r^p}{r}\end{cases} \tag{3-77}$$

所以：

$$\frac{du_{rc}}{dr}=\mu_c\frac{u_{rc}}{r} \tag{3-78}$$

求解可得：

$$u_{rc} = \beta r^{\mu_c} \tag{3-79}$$

式中，β 为积分常数。

在塑性区与破裂区的交界面上，位移连续，即：

$$u_{rc}/_{r=R_c} = u_{rp}/_{r=R_c} \tag{3-80}$$

将式(3-72)、式(3-79)代入式(3-80)可得：

$$\beta R_c^{\mu_c} = \frac{R_p}{R_c}\left\{\frac{p_0 R_p}{2}(1-2\mu)A - \frac{R_p}{2}\left[p_1\left(\frac{R_p}{r_0}\right)^{\frac{2\sin\varphi}{1-\sin\varphi}} - p_0\right]A - \frac{R_p}{2}c\cot\varphi\left[\left(\frac{R_p}{r_0}\right)^{\frac{2\sin\varphi}{1-\sin\varphi}} - 1\right]B\right\} \tag{3-81}$$

求解可得：

$$\beta = \frac{R_p}{R_c^{(1+\mu_c)}}\left\{\frac{p_0 R_p}{2}(1-2\mu)A - \frac{R_p}{2}\left[p_1\left(\frac{R_p}{r_0}\right)^{\frac{2\sin\varphi}{1-\sin\varphi}} - p_0\right]A - \frac{R_p}{2}c\cot\varphi\left[\left(\frac{R_p}{r_0}\right)^{\frac{2\sin\varphi}{1-\sin\varphi}} - 1\right]B\right\} \tag{3-82}$$

将式(3-82)代入式(3-79)可得：

$$u_{rc} = \frac{R_p}{R_c^{(1+\mu_c)}}\left\{\frac{p_0 R_p}{2}(1-2\mu)A - \frac{R_p}{2}\left[p_1\left(\frac{R_p}{r_0}\right)^{\frac{2\sin\varphi}{1-\sin\varphi}} - p_0\right]A - \frac{R_p}{2}c\cot\varphi\left[\left(\frac{R_p}{r_0}\right)^{\frac{2\sin\varphi}{1-\sin\varphi}} - 1\right]B\right\}r^{\mu_c} \tag{3-83}$$

那么，在破裂区的内部边界上有：

$$u_{rc/r=r_0} = \frac{R_p}{R_c^{(1+\mu_c)}}\left\{\frac{p_0 R_p}{2}(1-2\mu)A - \frac{R_p}{2}\left[p_1\left(\frac{R_p}{r_0}\right)^{\frac{2\sin\varphi}{1-\sin\varphi}} - p_0\right]A - \frac{R_p}{2}c\cot\varphi\left[\left(\frac{R_p}{r_0}\right)^{\frac{2\sin\varphi}{1-\sin\varphi}} - 1\right]B\right\}r_0^{\mu_c} \tag{3-84}$$

式(3-84)就是破裂区内部边界最终的变形量，即巷道表面变形量。

3.4 支护作用下高应力破碎软岩巷道围岩控制特征

3.4.1 支护承载体系对围岩控制特征的计算方法

通过上述研究，明确了内外承载体环形协同控制体系对巷道围岩的作用机制，同时得到了支护条件下巷道围岩应力和变形特征。基于此，通过具体的计算明确支护承载体系对巷道围岩的控制效果。控制效果主要体现在两个方面：一是不同支护条件下巷道围岩特征区域的大小，包括塑性区和破碎区；二是不同支护条件下巷道表面变形量的变化特征。其中，塑性区越小，破碎区越大，大巷围岩变形越小，其对应的表面控制效果也越明显。在本研究中，破碎区实际是主要的锚固作用对象。

以水峪煤业十采区运输巷为例，结合现场调研及室内试验结果，需用到的巷道围岩参数如表 3-1 所列。

表 3-1　水峪煤业十采区运输巷围岩力学特性参数

c_c/MPa	φ_c/(°)	p_0/MPa	r_0/m	E_M/GPa	E_K/GPa	η_M/(GPa·h)	η_K/(GPa·h)
0.45	18.95	20.5	2.15	1.02	0.96	10.22	0.91

将不同支护条件下支护作用荷载与表 3-1 中数据代入式(3-34)、式(3-55)和式(3-60)，即可得到塑性区与锚固作用区的变化特征；将数据代入式(3-84)，即可得到十采区运输巷围岩表面变形量。

3.4.2　单一注浆锚索支护下巷道围岩控制参量

依据上述研究，单一注浆作用下，巷道表面位移可表示为：

$$u_r(t)=\frac{R_p r_0^{\mu_c}}{R_c^{(1+\mu_c)} r_0}\left\{\frac{p_0 R_p}{2}(1-2\mu)A-\frac{R_p}{2}\left[p_1\left(\frac{R_p}{r_0}\right)^{\frac{2\sin\varphi}{1-\sin\varphi}}-p_0\right]A-\frac{R_p}{2}c\cot\varphi\left[\left(\frac{R_p}{r_0}\right)^{\frac{2\sin\varphi}{1-\sin\varphi}}-1\right]B\right\} \tag{3-85}$$

将围岩力学参数及围岩塑性区、注浆锚固作用半径等参数代入式(3-59)、式(3-84)，得到无支护强度下巷道锚注复合体径向位移的表达式为：

$$u_r\big|_{r=r0;p1=0}=146.104\,5-194.18e^{-1.03t}+9.912\,5t \tag{3-86}$$

此时巷道围岩表面位移速率为：

$$\dot{u}_r(t)=\frac{R_p r_0^{\mu_c}}{R_c^{(1+\mu_c)} r_0}\left\{\frac{p_0 R_p}{2}(1-2\mu)\dot{A}-\frac{R_p}{2}\left[\dot{p}_1\left(\frac{R_p}{r_0}\right)^{\frac{2\sin\varphi}{1-\sin\varphi}}-p_0\right]\dot{A}-\frac{R_p}{2}c\cot\varphi\left[\left(\frac{R_p}{r_0}\right)^{\frac{2\sin\varphi}{1-\sin\varphi}}-1\right]\dot{B}\right\} \tag{3-87}$$

其中 $\dot{A}$、$\dot{B}$ 分别为：

$$\begin{cases}\dot{A}=\dfrac{E_K^2\eta_K}{\eta_M\eta_M E_M^2}+\left[-\dfrac{E_K}{\eta_K E_M}-\left(\dfrac{1}{\eta_K}+\dfrac{E_K}{\eta_K E_M}+\dfrac{1}{\eta_M}\right)\left(\dfrac{E_K}{E_M}\right)-\dfrac{E_K^2\eta_K}{\eta_M\eta_M E_M^2}\right](e^{-\frac{E_K}{\eta_K}t})\\ \dot{B}=\dfrac{E_K^2}{\eta_K E_M}e^{-\frac{E_K}{\eta_K}t}+\left[\dfrac{1}{\eta_K}+\dfrac{E_K}{\eta_K E_K}+\dfrac{1}{\eta_M}\right]\left(\dfrac{-E_K}{\eta_K}\right)+\dfrac{E_K}{\eta_K\eta_M}(-e^{-\frac{E_K}{\eta_K}t})\end{cases}\tag{3-88}$$

代入运输巷围岩参数，可得围岩表面位移速率与时间的关系可用下式表示，其变化曲线如图3-7所示。

$$\dot{u}_r(t)=8.476\ 52+154.626\ 69e^{-1.03t}\tag{3-89}$$

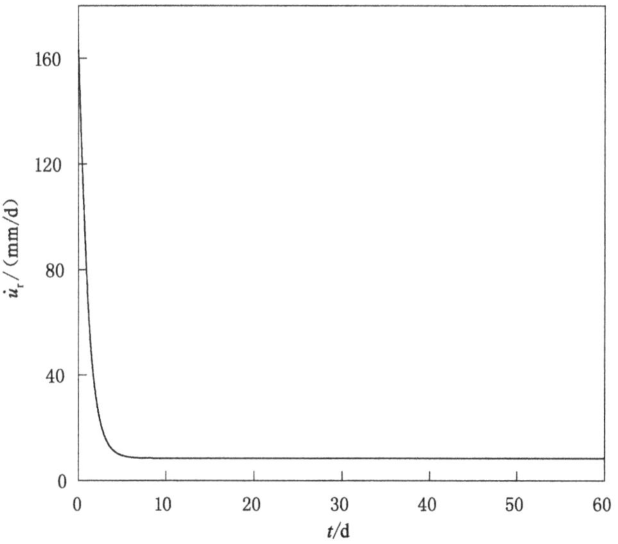

图3-7　运输巷围岩表面位移速率随时间的变化曲线

由此可得，在巷道围岩半径确定的情况下，巷道围岩位移与时间的关系为：随时间的推移，巷道围岩弹塑性变形量逐渐增加，即当 $t=10$ d时，巷道围岩位移速率趋于稳定。为更加明确支护条件下围岩变形特征，取注浆支护（0～10 d）进行对比分析，此时注浆锚索提供的支护力近似为线性增加：

$$p_1(t)=0.1t\tag{3-90}$$

式中，t 表示锚索作用时间，d。

将表3-1中的参数代入式（3-34）、式（3-84）进行计算，可以确定出不同支护强度下破裂区等效黏聚力和内摩擦角，如表3-2所列。

表 3-2　单一注浆锚索支护下锚固作用区围岩黏聚力和内摩擦角

p_1/MPa	0	0.2	0.4	0.6	0.8	1.0
c_c/MPa	0.71	0.73	0.79	0.82	0.90	1.01
φ_c/(°)	20.47	20.74	21.66	24.55	25.45	26.26

将表 3-1 中的参数代入式(3-53)和式(3-62)，可计算出不同支护强度下围岩塑性区半径、注浆锚固作用区半径，如表 3-3 所列。

表 3-3　单一注浆锚索支护下围岩塑性区与注浆锚固作用区半径

p_1/MPa	0	0.2	0.4	0.6	0.8	1.0
R_p/m	4.85	4.81	4.76	4.52	4.21	3.96
R_c/m	2.64	3.25	3.33	3.90	4.03	4.86

3.4.3　单一约束混凝土支架支护下巷道围岩控制参量

施加约束混凝土支架支护后，随着巷道围岩变形的发展，约束混凝土支架支护作用力开始逐渐显现出来，由于约束混凝土支架具有很高的承载能力，具有高强度支护的特点，能够使巷道浅部围岩具有承载能力，进而改变巷道围岩的应力分布和变形特点，有利于巷道围岩的稳定。此时巷道内部支护力为 p'（p'为关于时间的二次函数），此时巷道围岩位移随时间变化的函数为：

$$u_r(t)=\frac{R_p r_0^{\mu_c}}{R_c^{(1+\mu_c)} r_0}\left\{\frac{p_0 R_p}{2}(1-2\mu)A-\frac{R_p}{2}\left[p'\left(\frac{R_p}{r_0}\right)^{\frac{2\sin\varphi}{1-\sin\varphi}}-p_0\right]A-\frac{R_p}{2}c\cot\varphi\left[\left(\frac{R_p}{r_0}\right)^{\frac{2\sin\varphi}{1-\sin\varphi}}-1\right]B\right\} \tag{3-91}$$

将表 3-1 中的参数代入式(3-34)和式(3-84)进行计算，可以确定出不同支护强度下的破裂区等效黏聚力和内摩擦角，如表 3-4 所列。

表 3-4　单一约束混凝土支架支护下锚固作用区围岩黏聚力和内摩擦角

p'/MPa	0	0.304	0.576	0.816	1.024	1.2
c_c/MPa	0.71	0.77	0.8	0.92	1.01	1.04
φ_c/(°)	20.47	21.62	25.46	28.43	36.58	37.54

将表 3-1 中的参数代入式(3-53)、式(3-62),可计算出不同支护强度下围岩塑性区半径和注浆锚固作用区半径,如表 3-5 所列。

表 3-5 单一约束混凝土支架支护下围岩塑性区与注浆锚固作用区半径

p'/MPa	0	0.304	0.576	0.816	1.024	1.2
R_p/m	4.85	4.79	4.63	4.23	4.01	3.84
R_c/m	2.64	3.3	3.77	4.39	4.88	4.96

3.4.4 内外承载体协同控制体系支护下巷道围岩控制参量

采用联合支护体系时,相对于单一支护巷道垂直应力与水平应力分布更加均匀,以约束混凝土支架与注浆锚索为核心的内外承载体使得围岩整体性与承载能力得到有效提高,此时巷道围岩位移随时间变化的函数为:

$$u_r(t)=\frac{R_pR_a^{\mu_c}}{R_c^{(1+\mu_c)}r_0}\left\{\frac{p_0R_p}{2}(1-2\mu)A-\frac{R_p}{2}\left[p_1'\left(\frac{R_p}{r_0}\right)^{\frac{2\sin\varphi}{1-\sin\varphi}}-p_0\right]A-\right.$$
$$\left.\frac{R_p}{2}c\cot\varphi\left[\left(\frac{R_p}{r_0}\right)^{\frac{2\sin\varphi}{1-\sin\varphi}}-1\right]B\right\} \tag{3-92}$$

表 3-6、表 3-7 分别给出了内外承载体环形协同控制体系作用下锚固作用区岩体参数以及作用范围。

表 3-6 内外承载体环形协同控制体系下锚固作用区岩体参数

p_1'/MPa	0	0.504	0.976	1.416	1.824	2.2
c_c/MPa	0.71	0.79	0.96	1.57	1.68	1.86
φ_c/(°)	20.47	24.15	30.52	36.24	37.49	40.38

表 3-7 内外承载体环形协同控制体系下锚固作用区作用范围

p_1'/MPa	0	0.504	0.976	1.416	1.824	2.2
R_p/m	4.85	4.61	3.98	3.77	3.51	3.23
R_c/m	2.64	3.29	4.12	4.86	5.02	5.47

3.4.5 不同支护承载体系下围岩控制效果对比与分析

3.4.5.1 巷道围岩控制范围对比

根据表 3-1～表 3-6 的数据,分别得到了单一注浆锚索支护、单一约束混凝土支架支护、以注浆锚索与约束混凝土支架为核心的内外承载体环形协同控制体系支护条件下运输巷围岩控制范围随时间变化曲线，如图 3-8 所示。

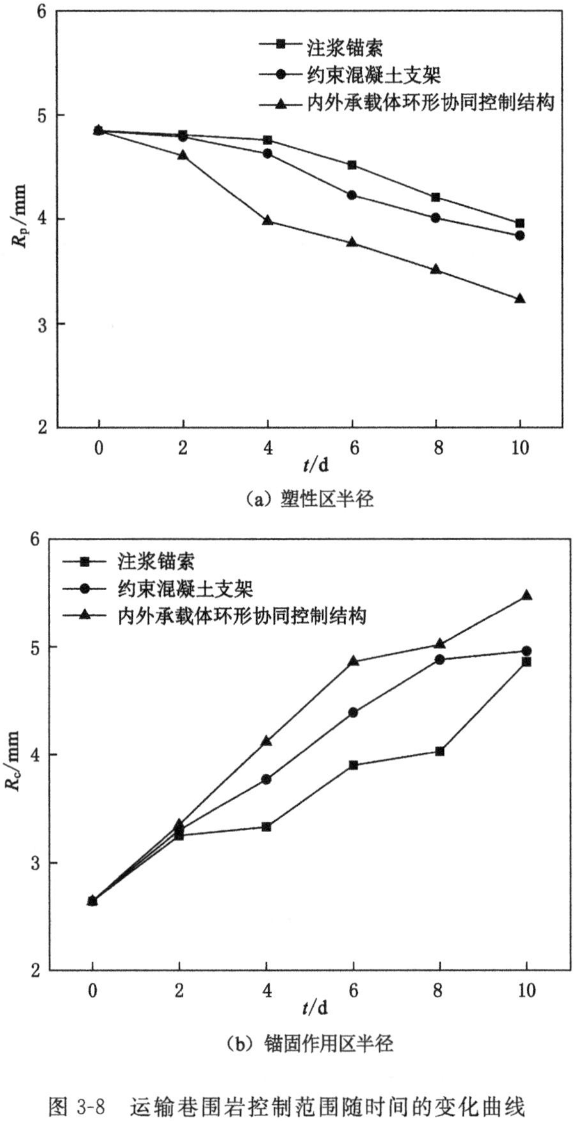

图 3-8　运输巷围岩控制范围随时间的变化曲线

从图 3-8(a)中可以看出，随着支护承载体系的持续作用，巷道围岩塑性区范围逐渐减小。在 10 d 的支护时间内，单一注浆锚索支护作用下巷道围岩塑性区半径由 4.85 m 逐渐减小至 3.96 m，降幅达到 18.35%；当支护条件由无支护过渡到约束混凝土支架支护时，塑性区半径由 4.85 m 减小至 3.84 m，降幅达到 20.82%；内外承载体环形协同控制作用下，巷道塑性区半径由 4.85 m 快速减小至 3.23 m，降幅达到 33.40%。

支护承载体系对围岩锚固作用区范围的影响如图 3-8(b)所示，由图可得：在 10 d 的支护时间内，单一注浆锚索支护体系下，巷道锚固作用区半径随时间由初始的 2.64 m 增加到 4.86 m，增幅为 84.09%；约束混凝土支架支护时，锚固作用区半径由 2.64 m 提升至 4.96 m，增幅为 87.88%；在内外承载体环形协同控制下，巷道锚固作用区半径由初始的 2.64 m 增加到 5.47 m，增幅为 107.20%。此外，随着时间的延续，在初期阶段，内外承载体环形协同控制结构支护与注浆锚索支护增长趋势基本一致，但当到达 8 d 后，相对于注浆锚索支护，其支护效果则明显提升，增幅达 21.09%。

通过对三组计算结果的综合对比，可得：在相同的作用时间内，内外承载体环形协同控制结构在对塑性区的扩展控制和锚固作用范围的提升两方面，均明显优于其余两种单一支护方式；同时，随着支护时间的增加，该优势将更加显著。

3.4.5.2 巷道变形控制作用对比

将表 3-3、表 3-4 和表 3-6 的数据分别代入式(3-85)、式(3-91)和式(3-92)，可得单一注浆锚索支护、单一约束混凝土支架支护、内外承载体环形协同控制结构支护条件下运输巷围岩变形量随时间的变化曲线，如图 3-9 所示。

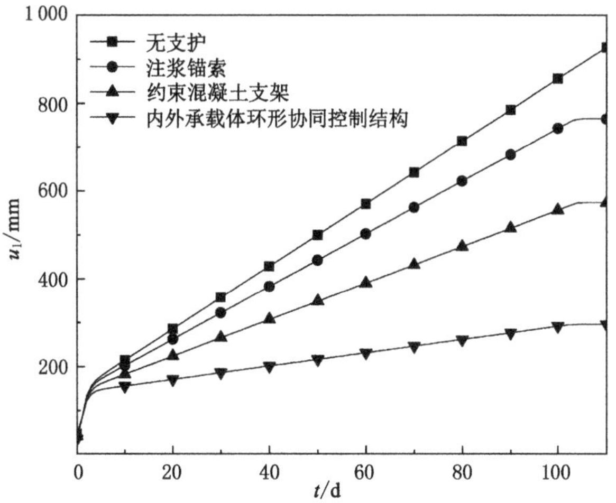

图 3-9 不同支护条件下巷道围岩变形量随时间的变化曲线

在无支护条件下，巷道表面位移随着时间增大快速增大，直至围岩破坏失稳；在单一注浆锚索、单一约束混凝土支架支护和内外承载体环形协同控制结构支护作用下，均呈现由加速变形阶段到变形速率降低再到稳定变形阶段的整体变化过程，但三种支护方式作用下，运输巷围岩控制效果差别明显。以支护 110 d 为例，单一注浆锚索、单一约束混凝土支架支护和内外承载体环形协同控制结构支护下，运输巷围岩变形量分别为 764.696 mm、573.463 mm、296.119 mm，内外承载体环形协同控制结构支护较单一注浆锚索支护减小了 61.28%，较单一约束混凝土支架支护减小了 48.36%，可见以注浆锚索的主动承载与约束混凝土支架的强力被动加固为核心的内外承载体环形协同控制结构下运输巷围岩变形控制效果最显著。

对比不同支护条件下巷道围岩随时间的变形特征发现，采用注浆锚索支护时，围岩的变形得到一定程度的控制，但随着时间增加围岩依旧有较大的持续变形，支护后巷道围岩稳定性较差；采用约束混凝土支架支护时，较注浆锚索支护，其控制效果有一定提升，但随着时间的推移，单一支护效果明显不足，围岩变形不能得到有效控制；在内外承载体环形协同控制结构支护下，由于该结构充分发挥了围岩的自承载能力，即取得了“支中有让、让中有支、支让结合”的控制效果，围岩的变形得到了有效的控制。针对深部煤泥岩大巷围岩，内外承载体环形协同控制体系对于围岩性能的改善效果和围岩变形，均显著优于单一的注浆锚索支护与单一的约束混凝土支架支护。

4　高应力破碎软岩巷道围岩内外承载体环形协同控制参数优化

在对高应力破碎软岩巷道围岩内外承载体环形协同控制机制研究的基础上，本章主要以水峪煤业十采区运输巷为例，结合高应力软岩破碎巷道生产地质条件，采用大型三维数值模拟软件 $FLAC^{3D}$优化确定巷道围岩内外承载体环形协同承载技术中的关键参数，从第 3 章可知，约束混凝土支架主要起强化承载层作用，因此首先对约束混凝土支架支护的主要参数进行优化，其次对注浆锚索支护的主要参数进行优化，再次对约束混凝土支架支护作用下注浆锚索支护的主要参数进行优化，最后对优化后的支护参数在十采区运输巷的应用效果进行综合模拟评估；同时，对打牛厂煤业 1570 轨道石门内外承载体环形协同控制方案和参数进行评判，从而为下一阶段的现场工程性试验提供参考基础。

4.1　约束混凝土支架支护主要参数的优化

利用三维数值模拟软件 $FLAC^{3D}$，并依据十采区运输巷岩层分布特征，建立数值计算模型，模型尺寸(长×宽×高)为 160 m×6 m×80 m，如图 4-1 所示。该模型整体与第 2 章未设置约束混凝土支架和注浆锚索的岩层模型基本一致，主要区别在于调整了三条大巷支护单元模块分组。为了实现约束混凝土支架与巷道围岩在大变形条件下的节点耦合运动及载荷传递，需在地层模型中预设约束混凝土网格，并与地层网格进行融合。采用 Rhino 软件，根据不同模拟方案分别建模，并采用 Griddle 软件对模型进行三维网格划分，并将输出文件导入 $FLAC^{3D}$软件中，锚杆和锚索采用“cable”单元实现。为了监测大巷围岩变形，分别在巷道顶板、肩部、帮部、底角和底板围岩中设置监测点，如图 4-2 所示。

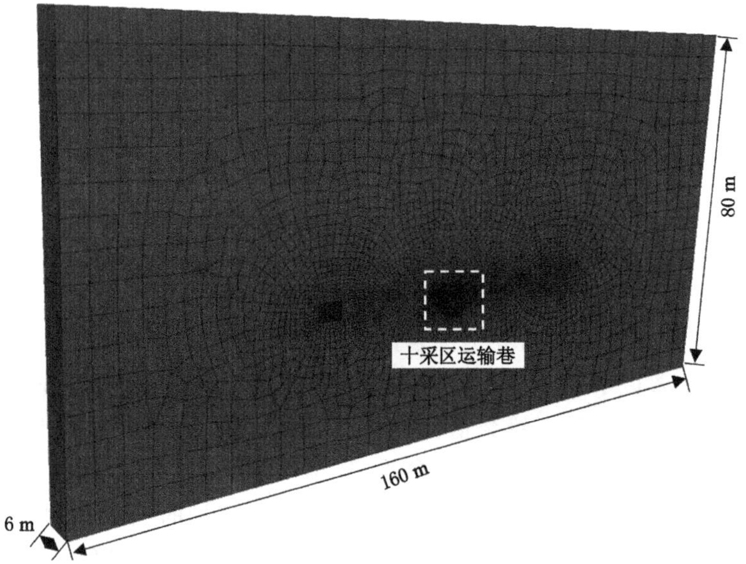

图 4-1　约束混凝土支架支护大巷围岩数值计算模型

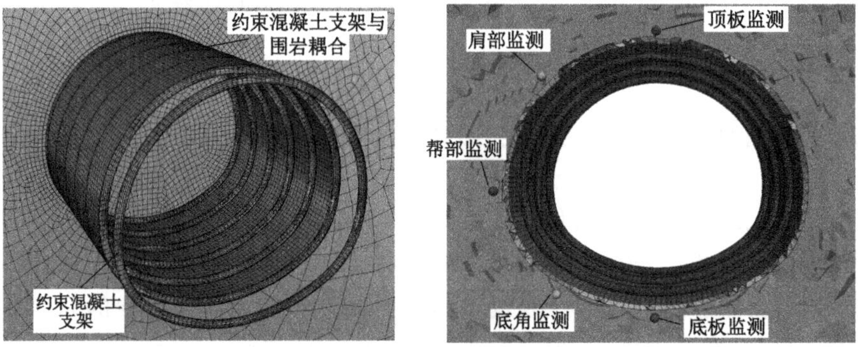

(a) 约束混凝土支架与围岩耦合设置　　(b) 围岩变形监测点布设

图 4-2　运输巷模拟结构和监测点的设置

4.1.1　模拟方案设置

基于整体环形承载结构特点、现场施工、现场生产地质和已有文献对于约束混凝土支架连接点的研究成果，综合确定约束混凝土支架连接点数量为 4 个。约束混凝土支架的管径和排距对运输巷围岩稳定性具有重要影响,通过模拟优化约束混凝土管径和排距参数,研究不同参数条件下对围岩的稳定控制作用效果,得出最优的支护参数。

4.1.1.1　约束混凝土支架管径优化

设置约束混凝土支架排距为 1 m,模型中约束混凝土支架参数如表 4-1 所列,改变约束混凝土支架管径分别为 140 mm、168 mm、194 mm 和 219 mm,研究不同管径条件对运输巷围岩的作用效果。

表 4-1　约束混凝土支架排距为 1 m 时不同管径设置方案

方案	连接点个数	直径/mm
1	4	140
2	4	168
3	4	194
4	4	219

4.1.1.2　约束混凝土排距优化

设置约束混凝土支架直径为 194 mm,模型中约束混凝土支架参数如表 4-2 所列,改变约束混凝土支架排距分别为 0.4 m、0.6 m、0.8 m 和 1.0 m,研究约束混凝土支架不同排距条件对大巷围岩的作用效果。

表 4-2　约束混凝土支架不同排距模拟方案

方案	排距/m	连接点个数	直径/mm
1	0.4	4	194
2	0.6	4	194
3	0.8	4	194
4	1.0	4	194

4.1.2　模拟主要过程

(1) 约束混凝土支架不同管径条件下深部煤泥岩运输巷围岩控制

在原有模型的基础上,建立约束混凝土支架排距为 1 m 条件下不同约束混凝土支架管径条件下的 4 个数值计算模型(见图 4-3)模拟分析 4 种方案下十采区运输巷围岩位移分布特征。

(2) 约束混凝土支架不同排距条件下深部煤泥岩运输巷围岩控制

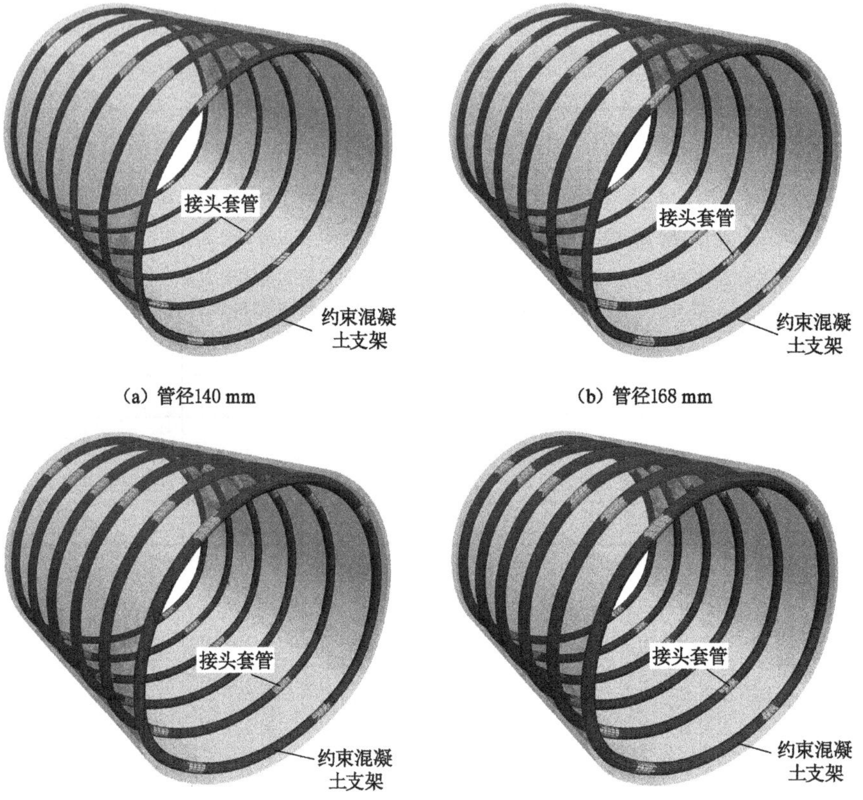

(a) 管径140 mm　　(b) 管径168 mm

(c) 管径194 mm　　(d) 管径219 mm

图 4-3　约束混凝支架不同管径方案下布置示意图

在原有模型的基础上，建立管径为 194 mm 条件下约束混凝土支架不同排距下的 4 个数值计算模型(见图 4-4)，模拟分析 4 种方案下十采区运输巷围岩位移分布特征。

4.1.3　模拟结果分析

4.1.3.1　约束混凝土支架强化加固过程不同管径参数的优化

本部分共建立 4 个数值计算模型，分别模拟约束混凝土支架管径为 140 mm、168 mm、194 mm、219 mm 时大巷围岩的变形特征，十采区运输巷围岩塑性破坏区和变形特征模拟结果如图 4-5～图 4-8 所示，巷道围岩变形量比较如表 4-3 所列。

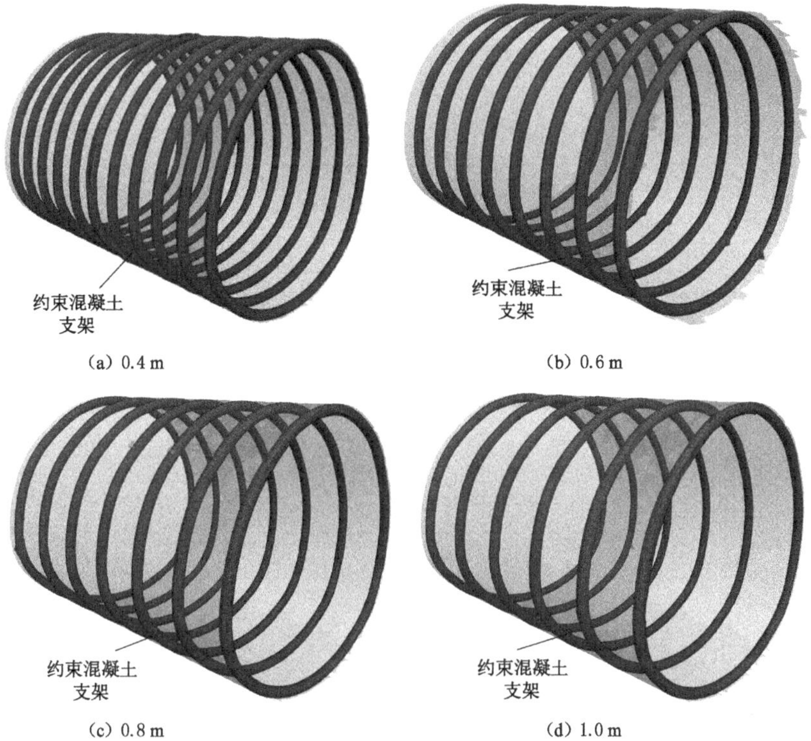

图 4-4　约束混凝支架不同排距方案下布置示意图

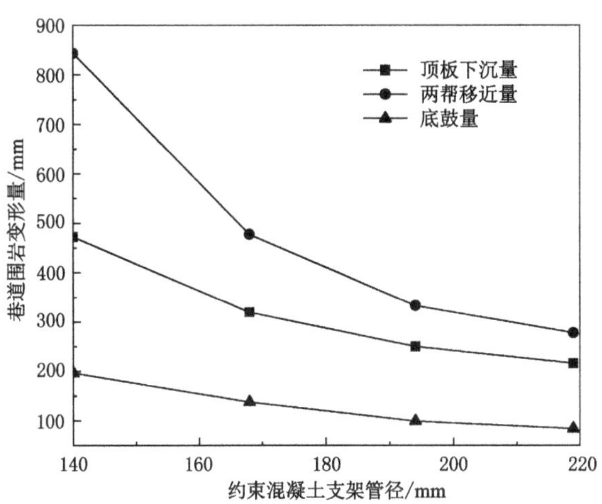

图 4-5　约束混凝土支架管径与十采区运输巷围岩变形量间的关系

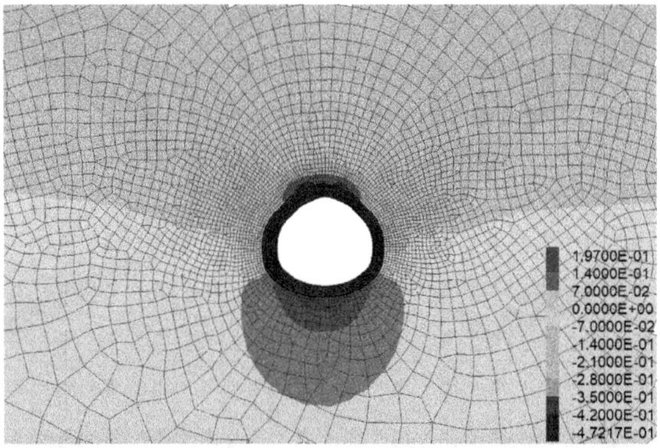

(a) 管径140 mm

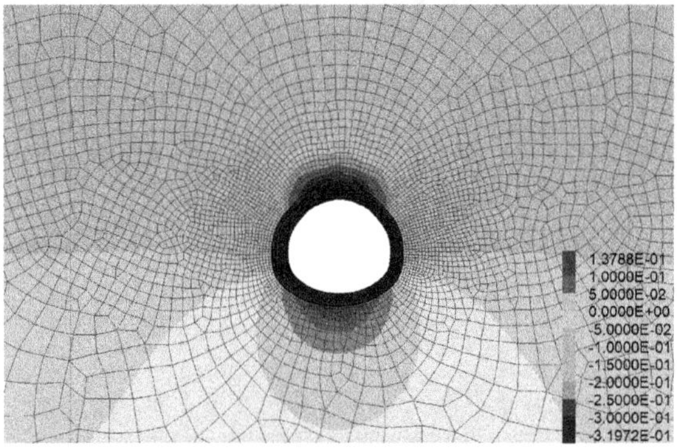

(b) 管径168 mm

(c) 管径194 mm

图 4-6 约束混凝土支架不同管径条件下十采区运输巷围岩垂直位移云图

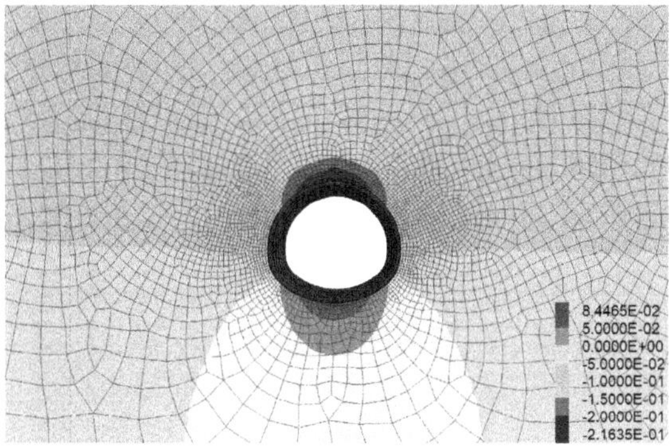

(d) 管径219 mm

图 4-6(续)

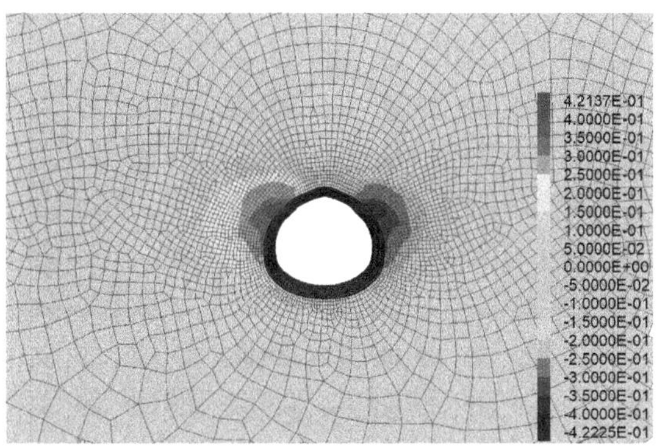

(a) 管径140 mm

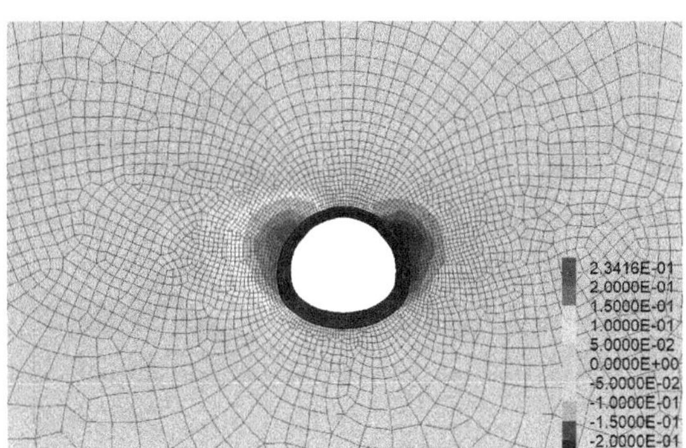

(b) 管径168 mm

图 4-7　约束混凝土支架不同管径条件下十采区运输巷围岩水平位移云图

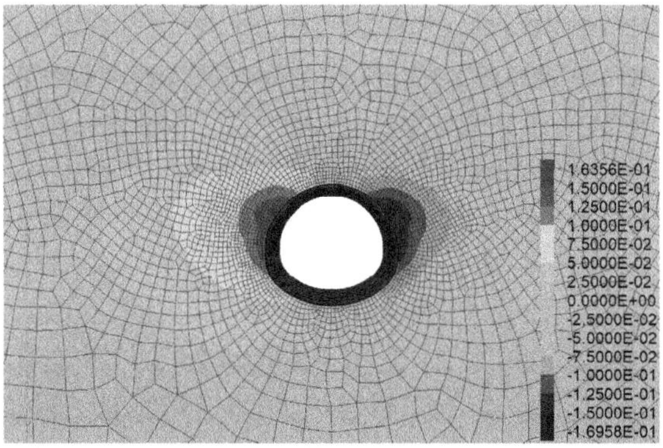

(c) 管径194 mm

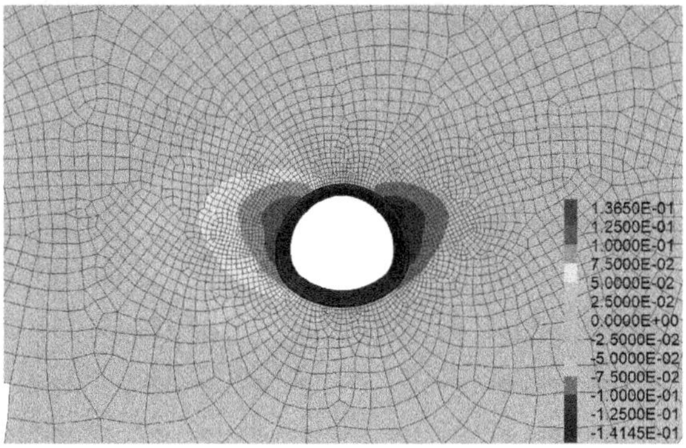

(d) 管径219 mm

图 4-7(续)

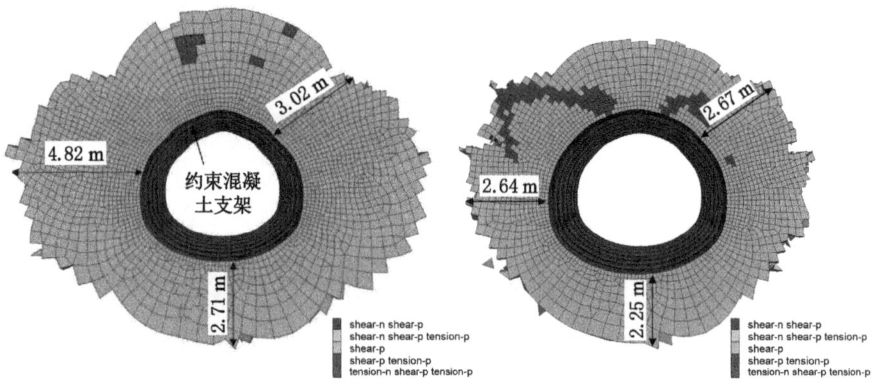

(a) 管径140 mm

(b) 管径168 mm

图 4-8 约束混凝土支架不同管径条件下十采区运输巷围岩塑性破坏区范围

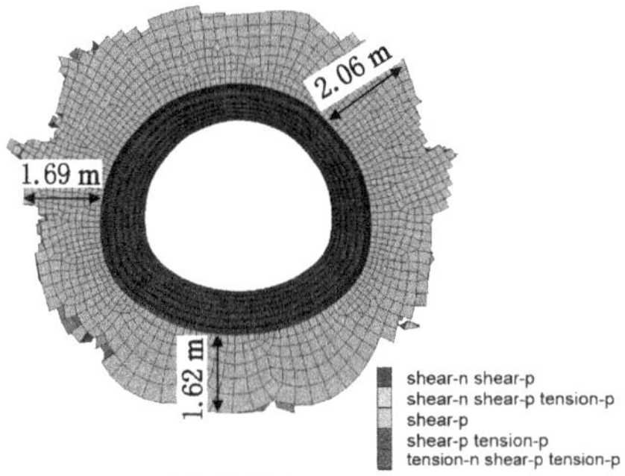

(c) 管径194 mm

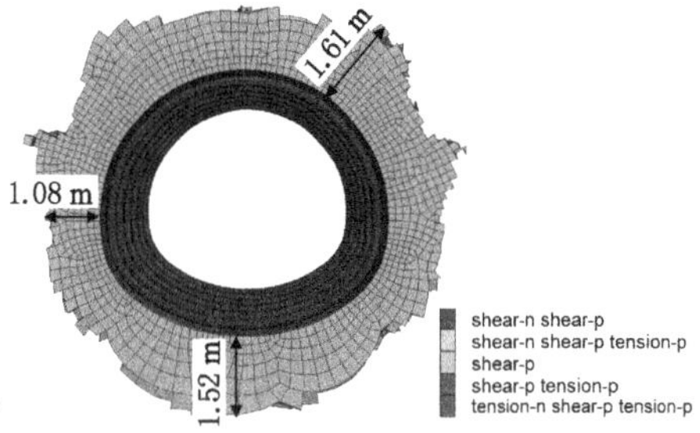

(d) 管径219 mm

图 4-8(续)

表 4-3 约束混凝土支架不同管径时运输巷围岩变形量

约束混凝土支架管径/mm	两帮移近量/mm	移近量占比/%	底鼓量/mm	底鼓量占比/%	顶板下沉量/mm	下沉量占比/%
140	843.62	100.00	197.00	100.00	472.17	100.00
168	477.36	56.58	137.88	69.99	319.72	67.71
194	333.14	39.49	99.40	50.46	250.04	52.96
219	277.95	32.95	84.47	42.88	216.35	45.82

从模拟计算结果可得,约束混凝土支架管径大小对大巷两帮塑性破坏区影响最大,其次是顶板和底板。

当约束混凝土支架的管径由 140 mm 增加到 168 mm 时,两帮移近量减小了 43.42%,顶板下沉量和底鼓量也分别减小了 32.29%和 30.01%;当约束混凝土支架的管径由 168 mm 增加到 194 mm 时,两帮移近量减小了 17.09%;同时,顶板下沉量减小了 14.75%,而底鼓量减小了 19.53%。由此可见,当约束混凝土支架管径由 140 mm 增加到 194 mm 时,大巷两帮移近量和顶板下沉量控制效果显著。当约束混凝土支架管径由 194 mm 增加到 219 mm 时,两帮移近量减小了 6.54%,顶板下沉量减小了 7.14%。由此可见,当约束混凝土支架的管径由 194 mm 增加到 219 mm 时,管径对运输巷围岩两帮和顶底板的控制效果并不明显。另外,从约束混凝土支架不同管径时运输巷围岩塑性区分布特征可得,随着约束混凝土支架管径的增加,运输巷围岩塑性破坏区范围也逐渐减小,当约束混凝土支架管径由 140 mm 增加到 194 mm 时,运输巷围岩塑性破坏区范围降低幅度最显著,这有利于运输巷围岩的稳定，而当约束混凝土支架管径由 194 mm 增加到 219 mm 时，运输巷围岩塑性破坏区范围变化并不明显。综合约束混凝土支架不同管径条件下运输巷围岩位移和塑性区控制效果模拟结果，确定约束混凝土支架管径为 194 mm。

4.1.3.2 约束混凝土支架排距参数的优化

本部分共建立 4 个数值计算模型，分别模拟了约束混凝土支架排距为 1.0 m、0.8 m、0.6 m、0.4 m 时运输巷围岩的变形特征，模拟结果如图 4-9～图 4-12 所示，围岩变形量比较如表 4-4 所列。

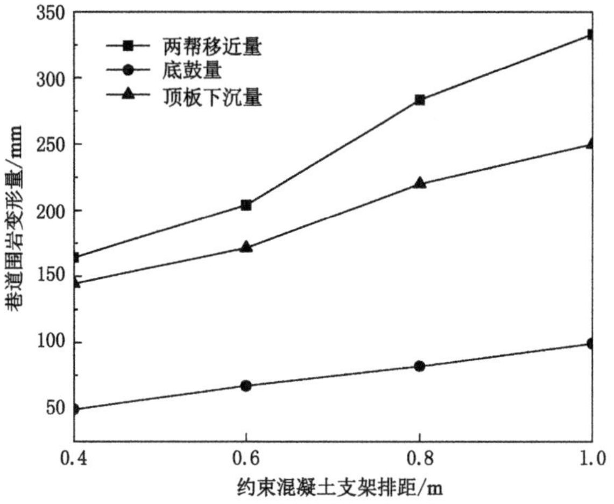

图 4-9　约束混凝土支架排距与十采区运输巷围岩变形量间的关系

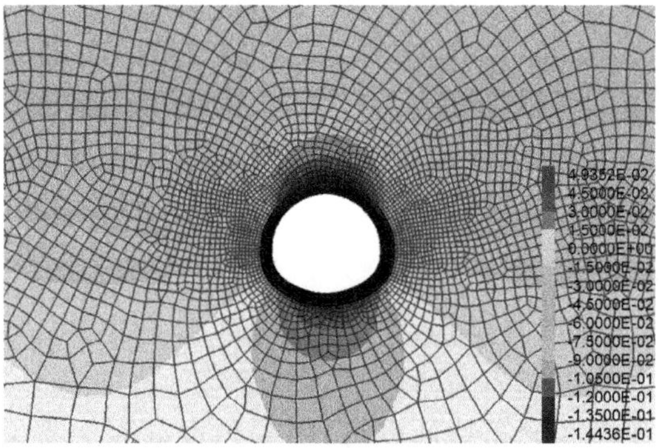

(a) 排距0.4 m

图 4-10　约束混凝土支架不同排距条件下十采区运输巷围岩垂直位移云图

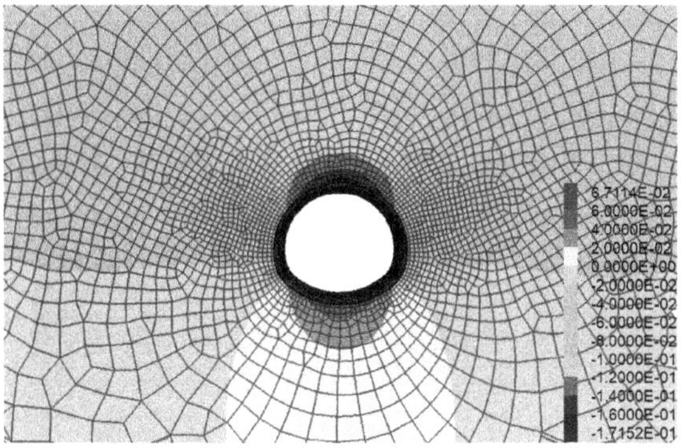

(b) 排距0.6 m

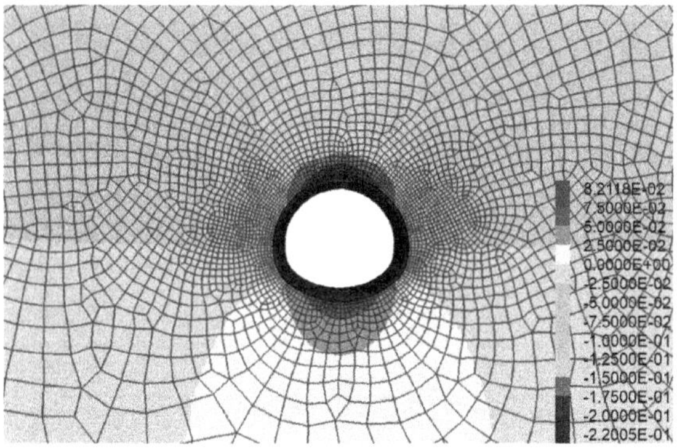

(c) 排距0.8 m

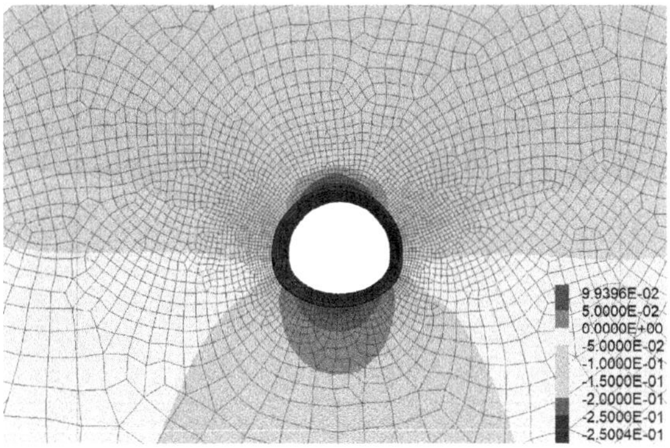

(d) 排距1.0 m

图 4-10(续)

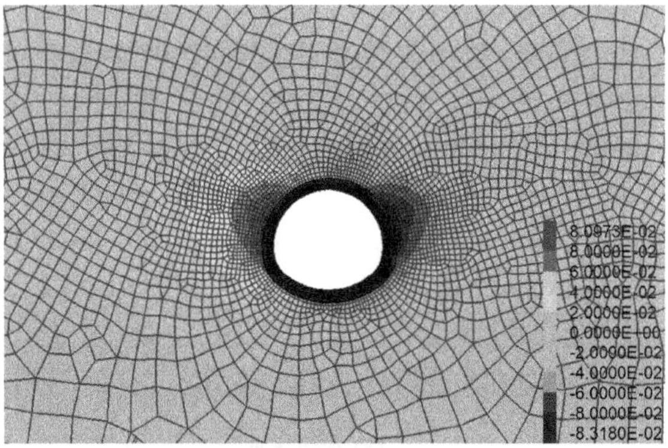

(a) 排距0.4 m

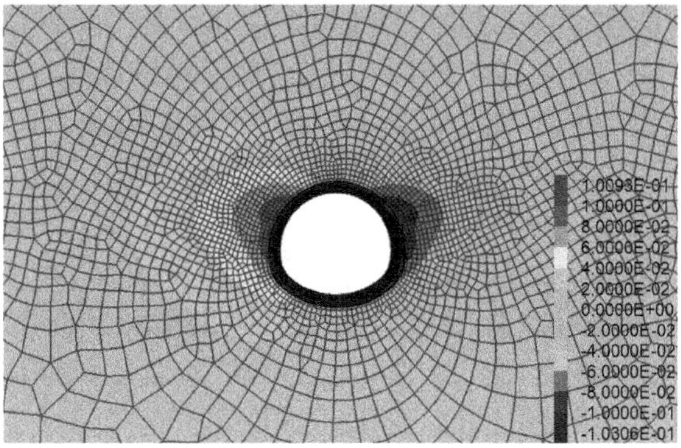

(b) 排距0.6 m

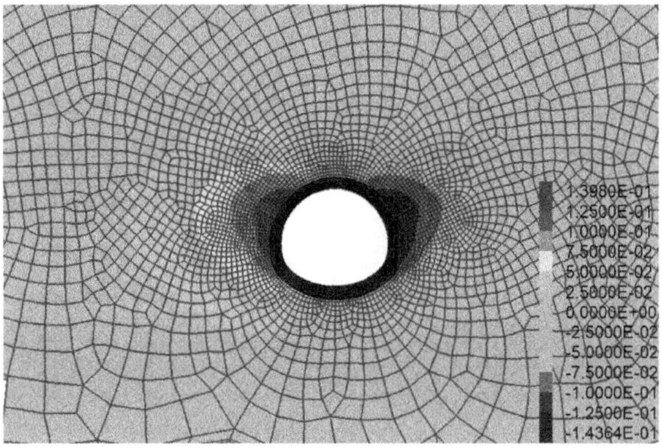

(c) 排距0.8 m

图 4-11　约束混凝土支架不同排距条件下十采区运输巷围岩水平位移云图

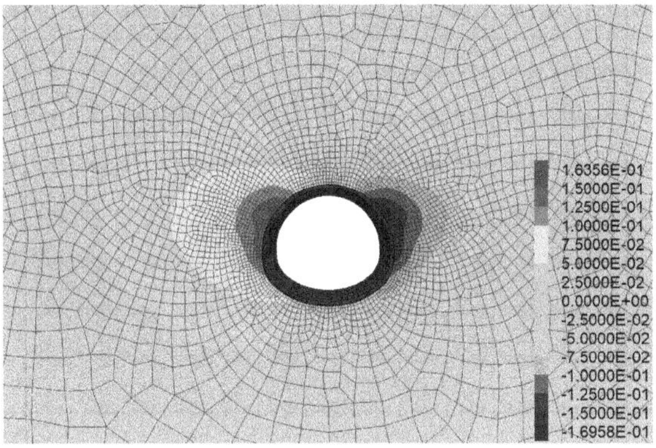

(d) 排距1.0 m

图 4-11(续)

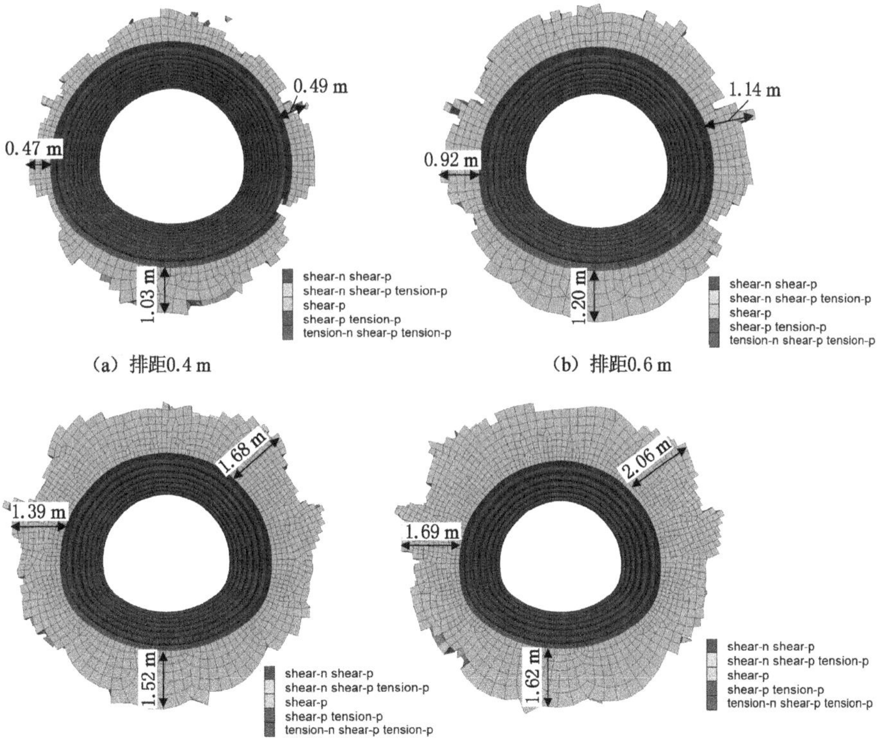

(a) 排距0.4 m　(b) 排距0.6 m

(c) 排距0.8 m　(d) 排距1.0 m

图 4-12　约束混凝土支架不同排距条件下十采区运输巷围岩塑性破坏区范围

表 4-4　约束混凝土支架不同排距时运输巷围岩变形量

约束混凝土支架排距/mm	两帮移近量/mm	移近量占比/%	底鼓量/mm	底鼓量占比/%	顶板下沉量/mm	底鼓量占比/%
1.0	333.11	100.00	99.40	100.00	250.04	100.00
0.8	283.44	85.09	82.12	82.62	220.05	88.01
0.6	203.99	61.24	67.11	67.52	171.52	68.60
0.4	164.15	49.28	49.35	49.65	144.36	57.73

通过对比约束混凝土支架不同排距时十采区运输巷围岩变形特征，可得：约束混凝土支架排距对运输巷围岩变形整体影响较显著，尤其是底鼓和两帮移近量。当约束混凝土支架排距为 0.4 m 和 0.6 m 时，两帮移近量和顶板下沉量均较约束混凝土支架排距为 0.8 m 和 1.0 m 时小。当注浆锚索长度由 0.4 m 增加到 0.6 m 时，两帮移近量增加了 11.96%，底鼓量增加了 17.87%，由此可见，当约束混凝土支架排距由 0.4 m 增加到 0.6 m 时，约束混凝土支架支护能较好地控制两帮移近量，对底鼓量影响也较明显。当约束混凝土支架排距由 0.6 m 增加到 0.8 m 时，两帮移近量和顶板下沉量均出现一定程度的增加，两帮移近量增加了 23.85%，底鼓量增加了 15.1%，顶板下沉量增加了 19.41%。当约束混凝土支架排距由 0.8 m 增加到 1.0 m 时，两帮移近量增加了 14.91%，底鼓量增加了 17.38%。由此可见，当约束混凝土支架排距由 0.6 m 增加到 0.8 m 时，运输巷围岩变形量增幅高于约束混凝土支架排距由 0.8 m 增加到 1.0 m 时，约束混凝土支架排距小，控制效果较好，但同时也增加了支护成本。另外，从约束混凝土支架不同排距时运输巷围岩塑性破坏区范围变化特征也可得出，随着约束混凝土支架排距的增加，顶板塑性破坏区范围逐渐增大，约束混凝土支架排距分别为 0.4 m 和 0.6 m 时，巷道围岩塑性破坏区范围小于约束混凝土支架排距为 0.8 m 和 1.0 m 时，但当约束混凝土支架排距由 0.8 m 增加到 1.0 m 时，围岩塑性破坏区范围增大幅度差别较小。结合约束混凝土支架不同排距条件下对巷道围岩的控制效果及支护成本，综合确定约束混凝土支架排距为 1.0 m。

4.2 注浆锚索支护主要参数的优化

4.2.1 模拟方案设置

本节对注浆锚索的主要参数进行优化确定。注浆锚索集合了注浆和锚索支护作用，从注浆角度主要包括注浆锚索压力，并在确定注浆锚索压力的基础上，再分别确定注浆锚索的间距和长度。

4.2.1.1 注浆锚索压力

根据已有文献对注浆锚索压力与浆液扩散半径之间关系，可得注浆锚索压力为 1 MPa、2 MPa、3 MPa、4 MPa 时，浆液扩散半径分别为 0.997 m、1.34 m、1.510 m 和 1.64 m，如图 4-13 所示。在此基础上，本模拟过程中取整进行参数取值分析，将单根注浆锚索注浆后浆液扩散半径(R)分别设置为 1.00 m、1.35 m、1.50 m 和 1.65 m，以对应注浆锚索压力取值为 1 MPa、2 MPa、3 MPa、4 MPa 进行分析，如图 4-14 所示。

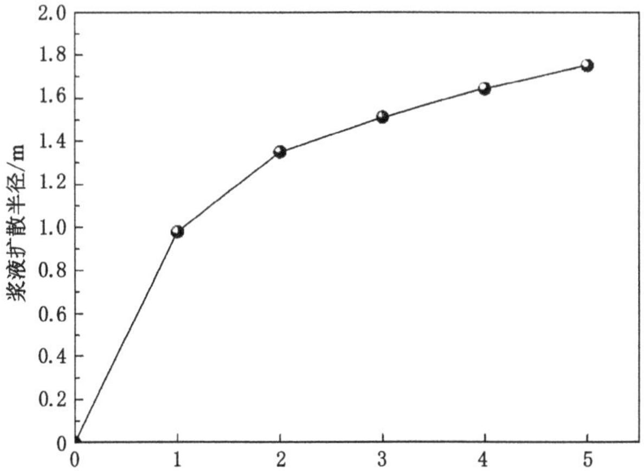

图 4-13 注浆锚索中注浆压力和浆液扩散半径间的对应关系

4.2.1.2 注浆锚索间距

根据巷道尺寸和生产地质条件，注浆锚索间距分别为 0.8 m、1.2 m、1.6 m、2.0 m，如图 4-15 所示。

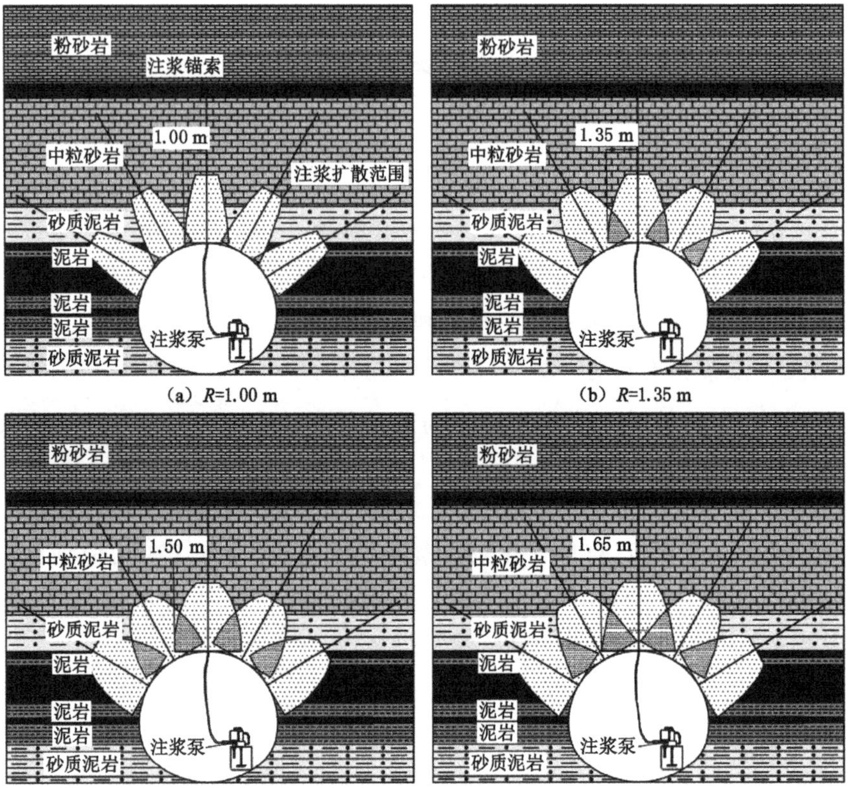

(a) R=1.00 m　(b) R=1.35 m

(c) R=1.50 m　(d) R=1.65 m

图 4-14　注浆锚索不同钻孔的浆液扩散半径方案

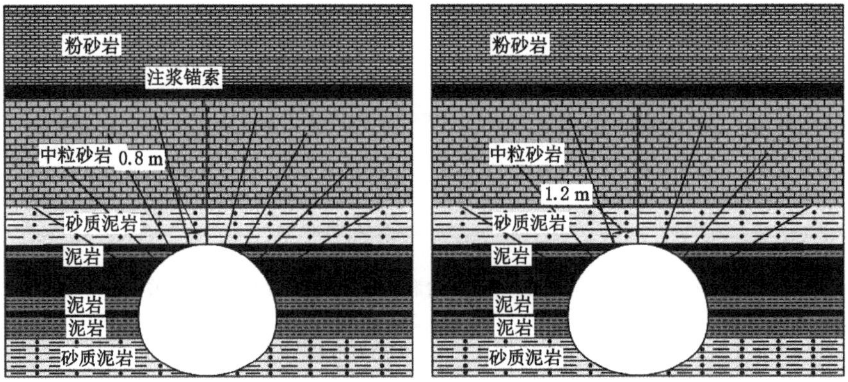

(a) D=0.8 m　(b) D=1.2 m

图 4-15　注浆锚索不同间距方案

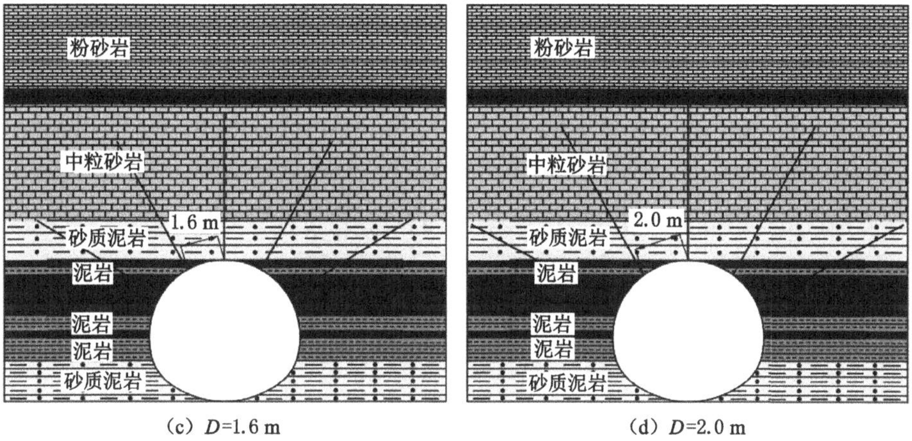

图 4-15(续)

4.2.1.3　注浆锚索长度

根据巷道顶板岩层岩性和厚度,选择注浆锚索长度分别为 4 m、5 m、6 m 和 7 m,如图 4-16 所示。

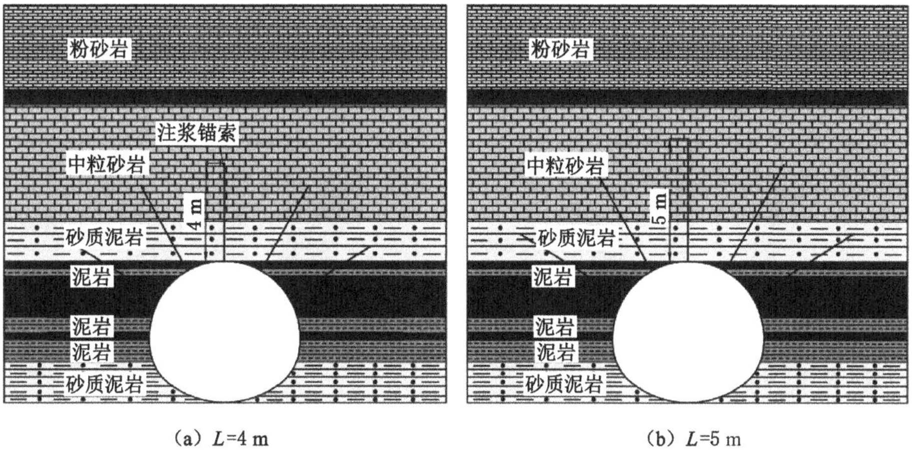

图 4-16　注浆锚索不同长度方案

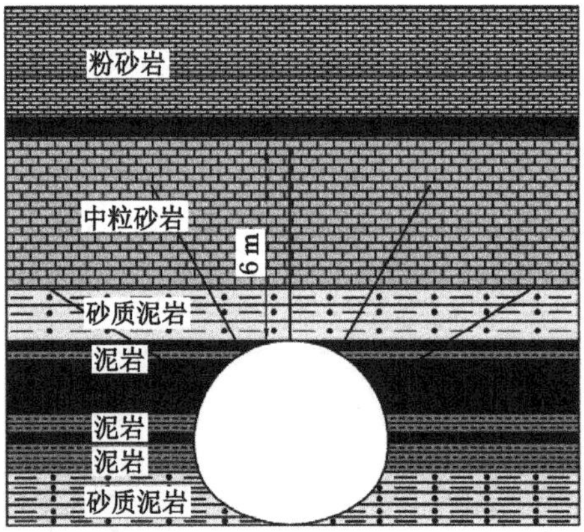

(c) L=6 m

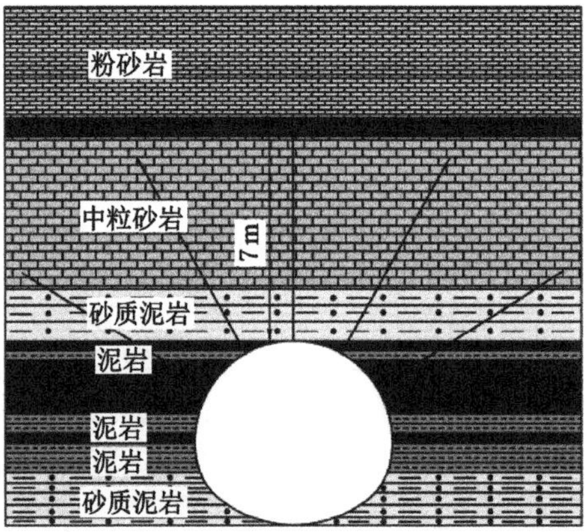

(d) L=7 m

图 4-16

4.2.2 模拟结果分析

4.2.2.1 注浆锚索压力的优化确定

本部分共建立 4 个数值计算模型，分别模拟了注浆锚索压力为 1 MPa、2 MPa、3 MPa 和 4 MPa 时运输巷围岩变形特征，如图 4-17～图 4-21 所示，巷道围岩变形量比较如表 4-5 所列。

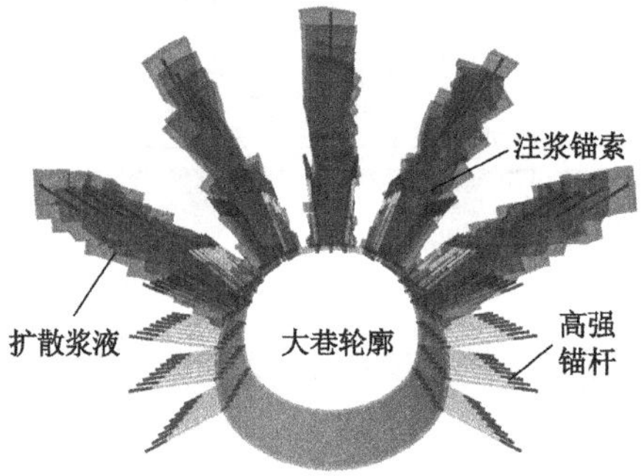

(a) 1 MPa

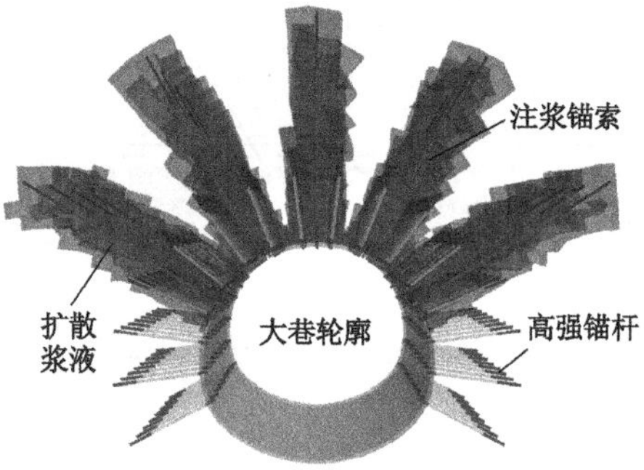

(b) 2 MPa

图 4-17　不同注浆锚索压力条件下运输巷支护模型

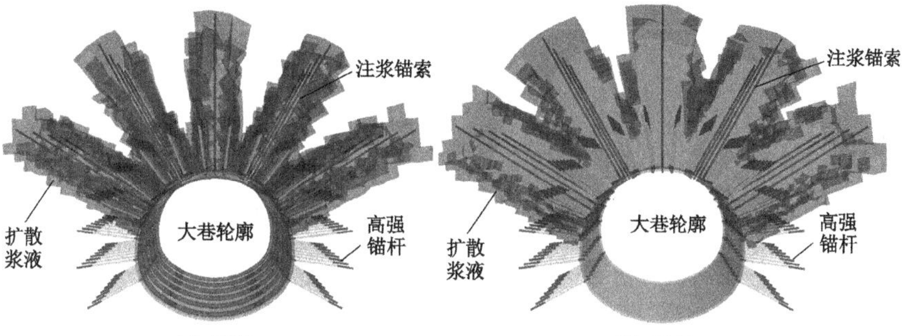

(c) 3 MPa　　(d) 4 MPa

图 4-17(续)

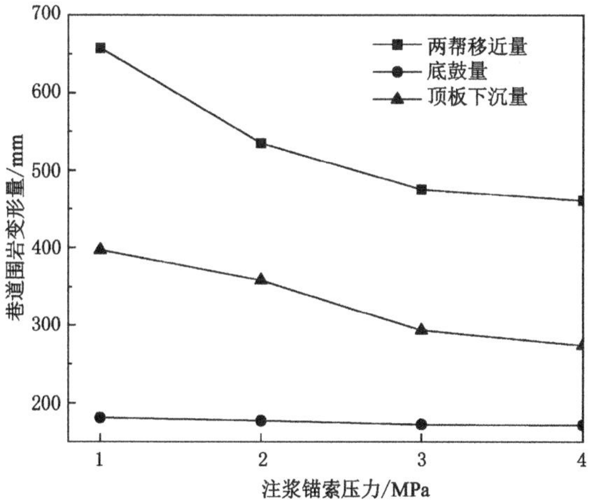

图 4-18　注浆锚索压力与运输巷围岩变形量间的关系

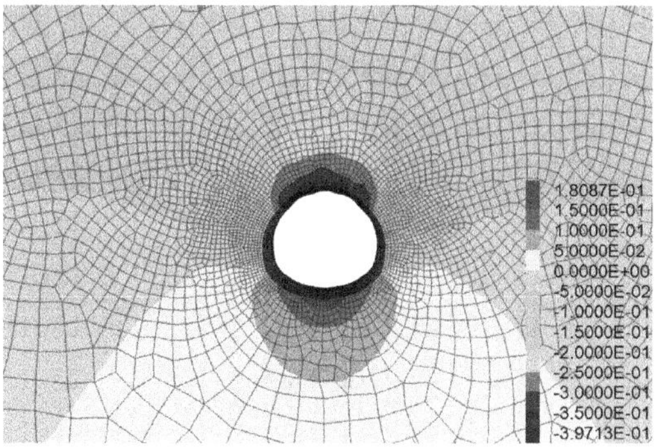

(a) 1 MPa

图 4-19　不同注浆锚索压力条件下十采区运输巷围岩垂直位移云图

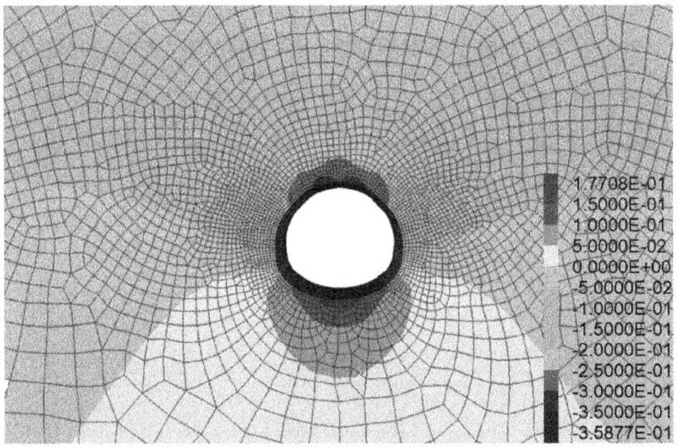

(b) 2 MPa

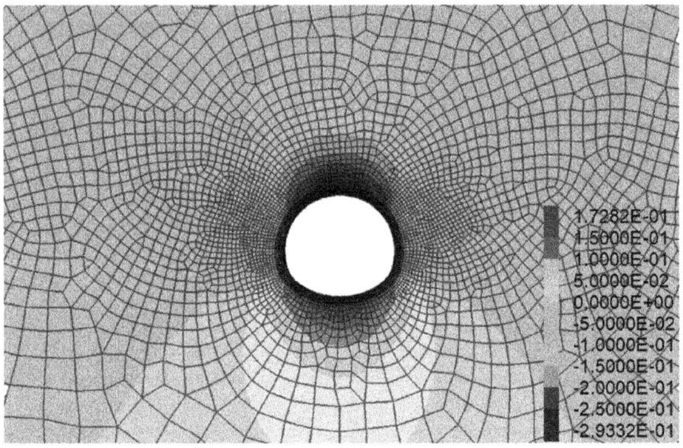

(c) 3 MPa

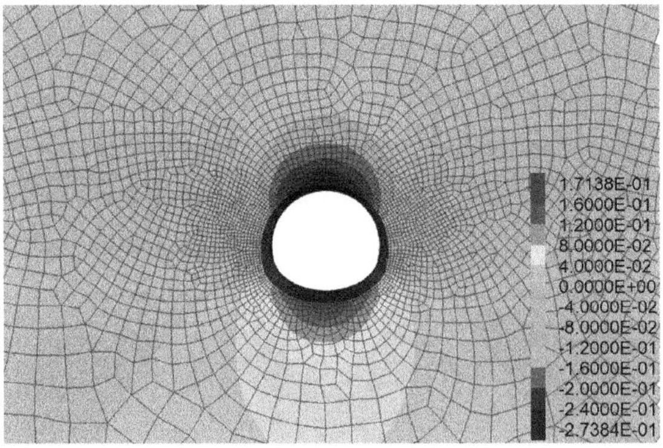

(d) 4 MPa

图 4-19(续)

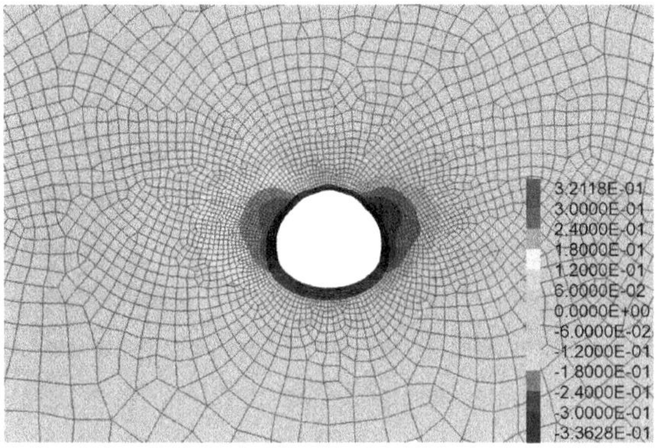

(a) 1 MPa

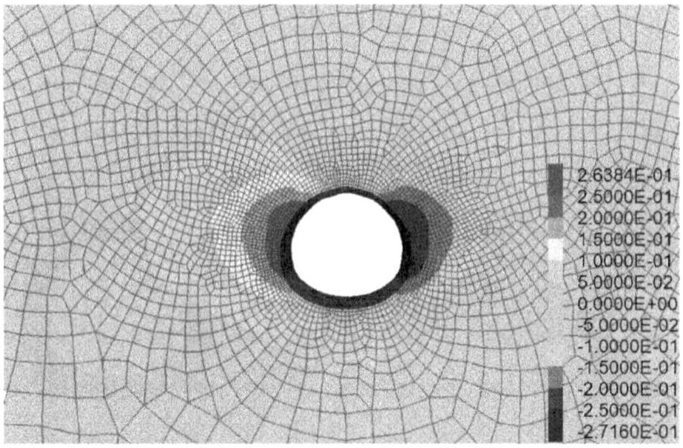

(b) 2 MPa

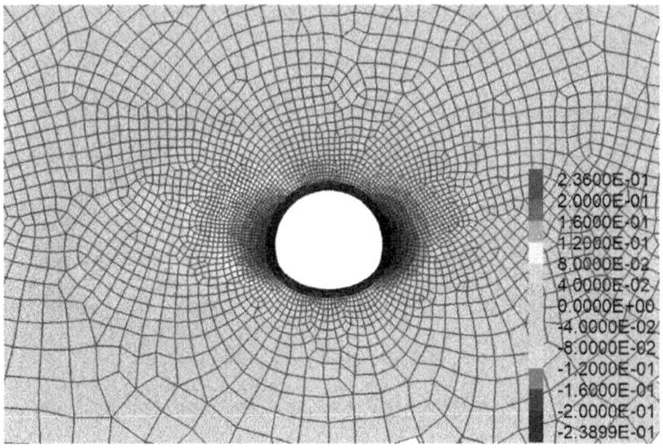

(c) 3 MPa

图 4-20 不同注浆锚索压力条件下十采区运输巷围岩水平位移云图

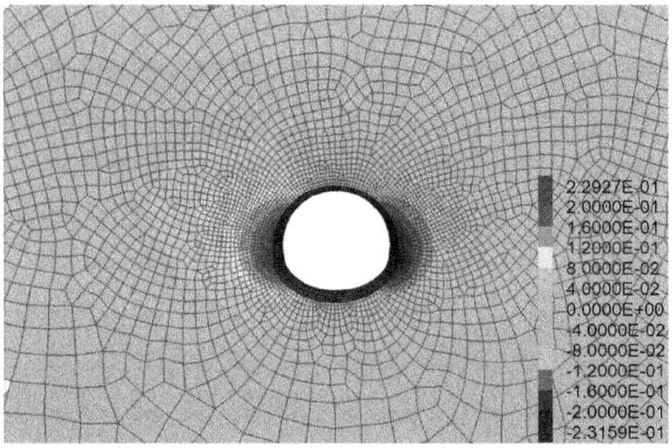

(d) 4 MPa

图 4-20(续)

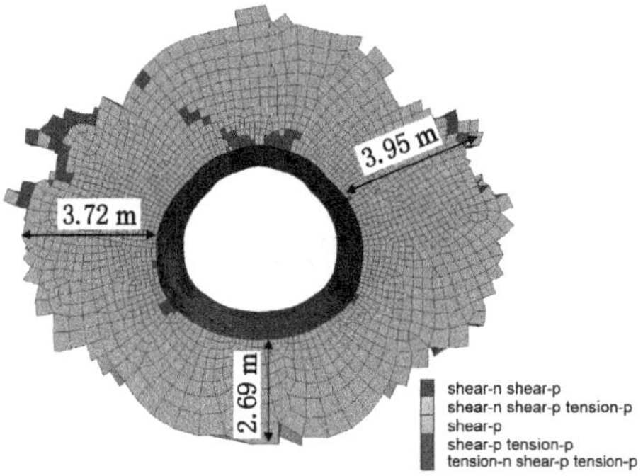

(a) 1 MPa

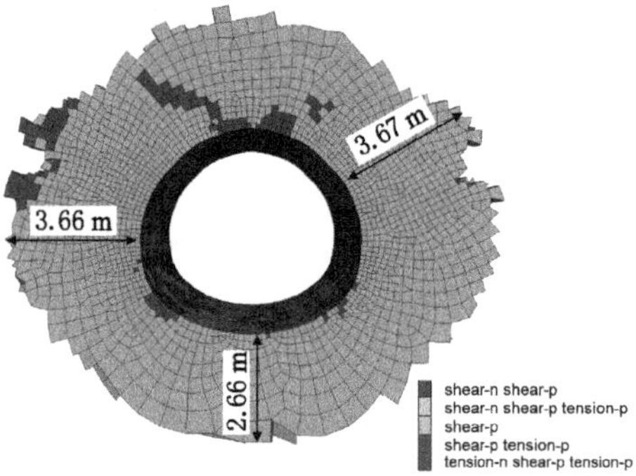

(b) 2 MPa

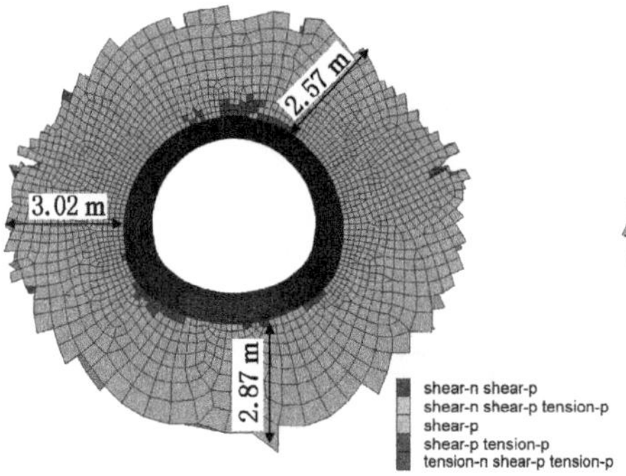

(c) 3 MPa

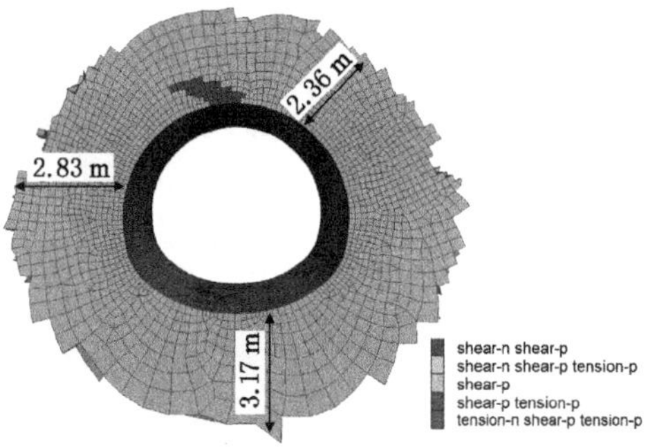

(d) 4 MPa

图 4-21　不同注浆锚索压力条件下十采区运输巷围岩塑性区破坏范围

表 4-5 不同注浆锚索压力时运输巷围岩变形量

注浆锚索压力/MPa	两帮移近量/mm	移近量占比/%	底鼓量/mm	底鼓量占比/%	顶板下沉量/mm	下沉量占比/%
1	657.40	100.00	180.87	100.00	397.13	100.00
2	535.44	81.45	177.08	97.90	358.77	90.34
3	474.99	72.25	172.28	95.25	293.32	73.86
4	460.86	70.10	171.38	94.75	273.84	68.95

通过对比不同注浆锚索压力条件下十采区运输巷围岩的顶板、两帮和底板变形量，可得：随着注浆锚索压力的增加，整体变形量均呈降低趋势；但顶板和两帮变形量的减小幅度显著大于底板，这主要是由于顶板注浆，随着注浆锚索压力的增加，浆液扩散后，顶板深部离层值和浅部的弯曲变形值大幅度降低，同时也对两帮的变形产生影响，减小了两帮和顶板的变形量。不同注浆锚索压力下巷道底鼓量差别较小，由此可见注浆锚索压力对底鼓量的影响较小。

当注浆锚索压力从 1 MPa 增加至 2 MPa 时，顶板下沉量减小了 9.66%，两帮移近量减小了 18.55%；由 2 MPa 增加至 3 MPa 时，顶板下沉量减小了 16.48%，两帮移近量减小了 9.2%。由此可得，当注浆锚索压力由 1 MPa 增加到 3 MPa 时，注浆锚索控制围岩变形效果较明显。当注浆锚索压力达到 4 MPa 后，顶板下沉量和两帮移近量仅减小了 4.91%和 2.15%。由此可见，当注浆锚索压力由 3 MPa 增加到 4 MPa 时，注浆锚索压力对巷道围岩影响较弱。另外，注浆锚索压力由 1 MPa 增加到 4 MPa 的变化过程中，对应的十采区运输巷围岩塑性区破坏范围由变化显著到影响较弱。综合确定得出注浆锚索压力为 3 MPa。

4.2.2.2 注浆锚索间距的优化确定

本部分共建立 4 个数值计算模型，分别模拟了注浆锚索间距为 0.8 m、1.2 m、1.6 m、2.0 m 时运输巷围岩的变形特征，不同注浆锚索间距模拟方案如图 4-22 所示，运输巷围岩变形特征模拟结果如图 4-23～图 4-26 所示，围岩变形量比较如表 4-6 所列。

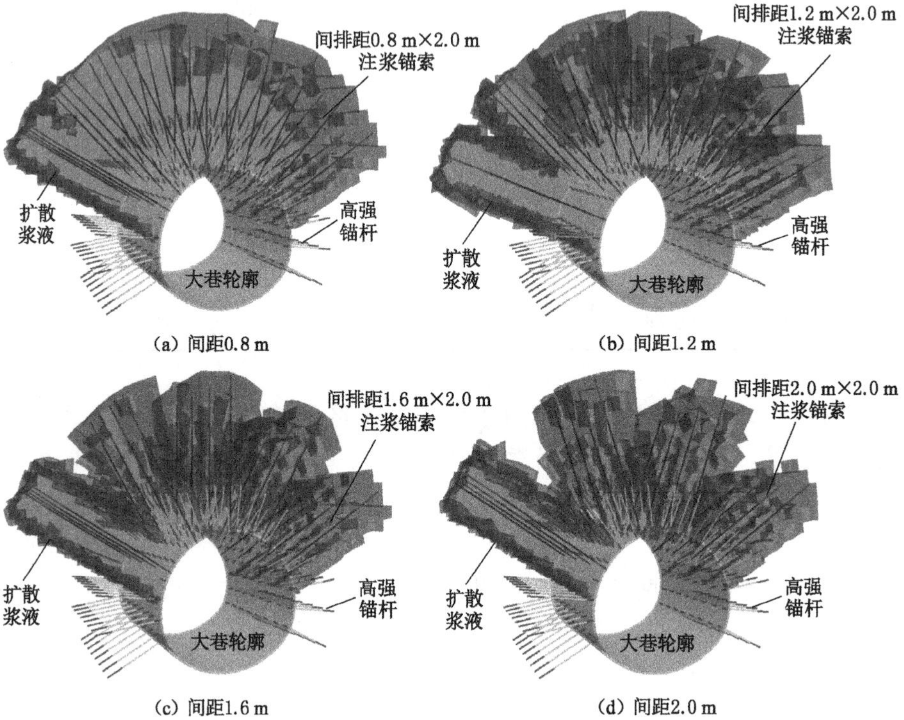

(a) 间距0.8 m (b) 间距1.2 m

(c) 间距1.6 m (d) 间距2.0 m

图 4-22 不同注浆锚索间距的模拟方案

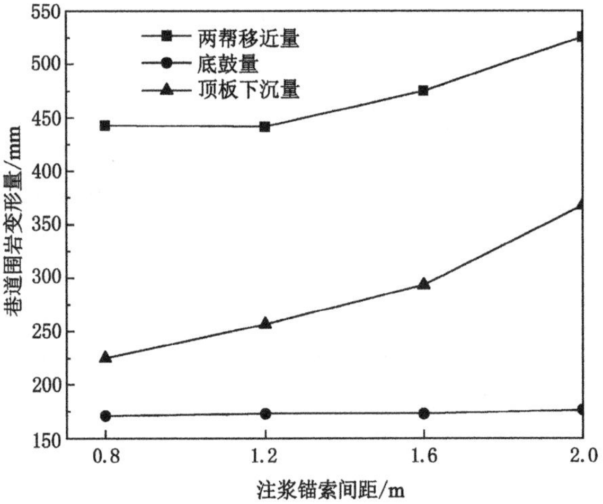

图 4-23 注浆锚索间距与运输巷围岩变形量间的关系

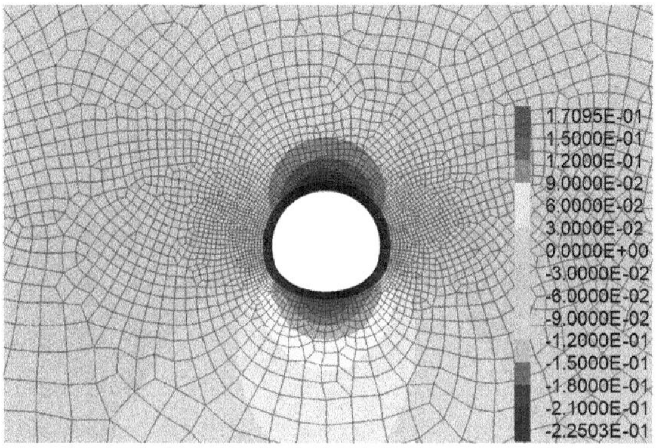

(a) 间距0.8 m

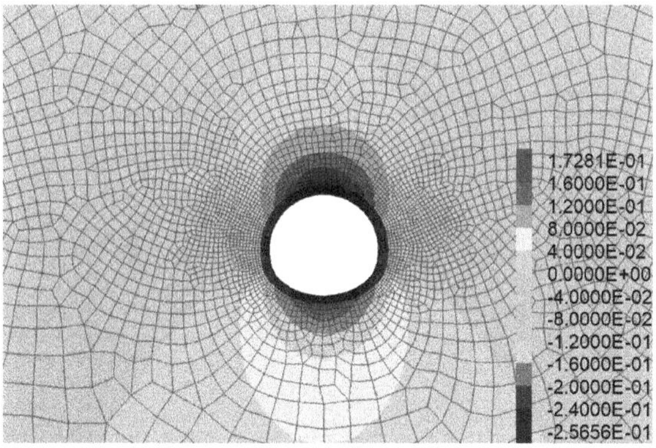

(b) 间距1.2 m

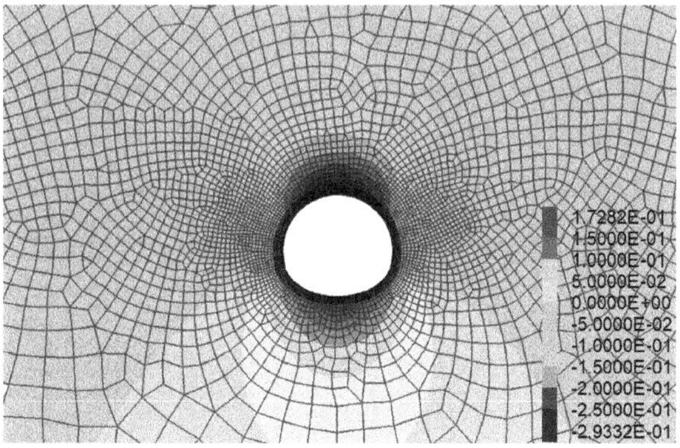

(c) 间距1.6 m

图 4-24　不同注浆锚索间距条件下十采区运输巷围岩垂直位移云图

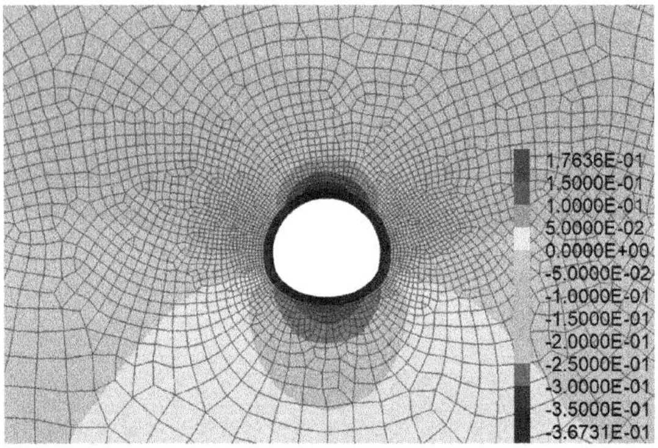

(d) 间距2.0 m

图 4-24(续)

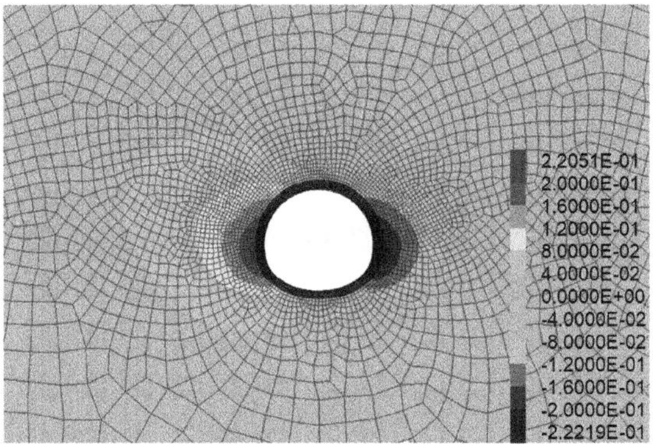

(a) 间距0.8 m

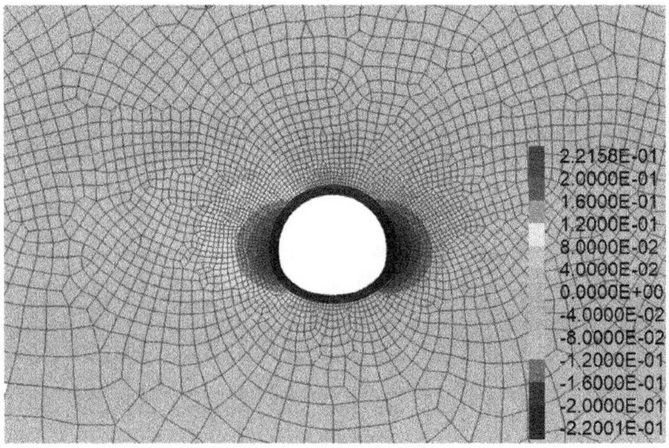

(b) 间距1.2 m

图 4-25 不同注浆锚索间距条件下十采区运输巷围岩水平位移云图

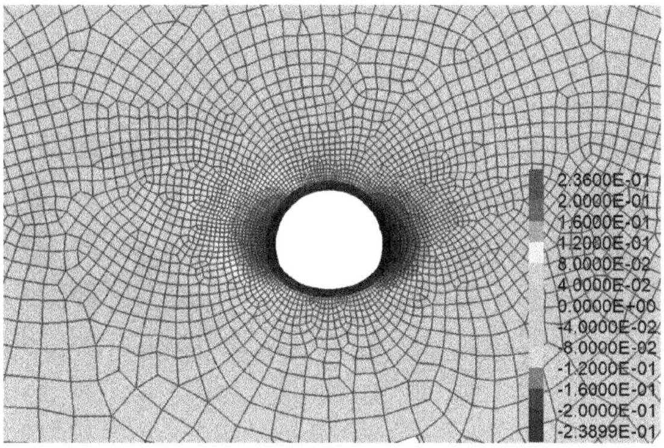

(c) 间距1.6 m

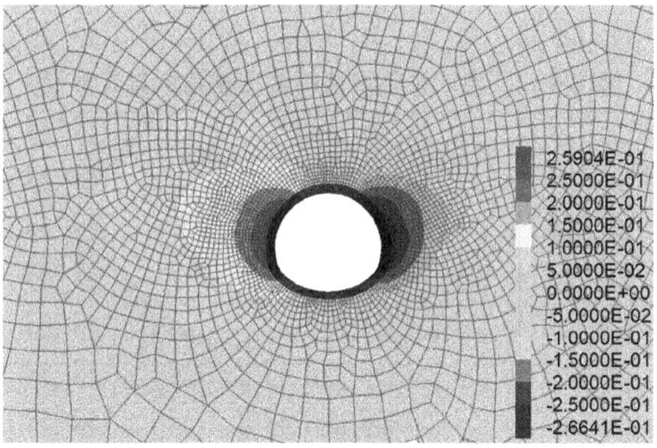

(d) 间距2.0 m

图 4-25(续)

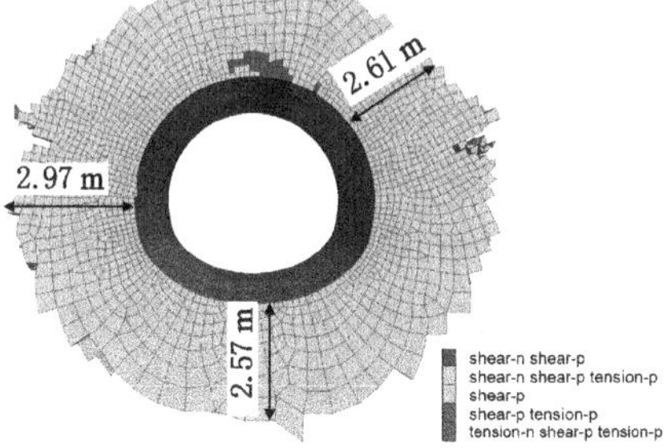

(a) 间距0.8 m

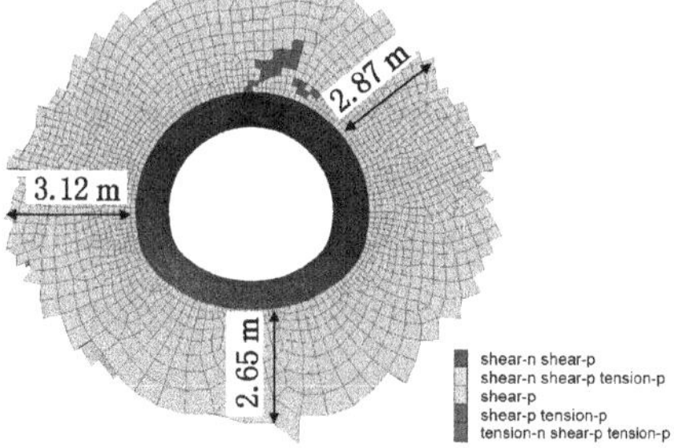

(b) 间距1.2 m

图 4-26 不同注浆锚索间距条件下十采区运输巷围岩塑性区破坏范围

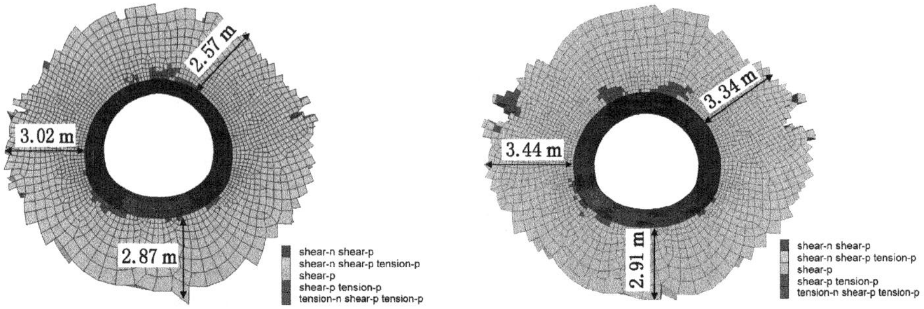

(c) 间距1.6 m　　(d) 间距2.0 m

图 4-26(续)

表 4-6　不同注浆锚索间距时运输巷围岩变形量

注浆锚索间距/m	两帮移近量/mm	移近量占比/%	底鼓量/mm	底鼓量占比/%	顶板下沉量/mm	下沉量占比/%
0.8	442.70	100.00	170.95	100.00	225.03	100.00
1.2	441.59	99.75	172.81	101.09	256.56	114.01
1.6	474.99	107.29	172.82	101.09	293.32	130.35
2.0	525.45	118.69	176.36	103.16	367.31	163.23

从模拟计算结果可得，注浆锚索间距对运输巷顶板下沉量影响最大，其次是两帮移近量，对底板变形量影响最小。

当注浆锚索间距由 0.8 m 增加到 1.2 m 时，顶板下沉量增加了 14.01%，两帮移近量和底鼓量变化不明显；当注浆锚索间距由 1.2 m 增加至 1.6 m 时，顶板下沉量增加了 16.34%，两帮移近量增加了 7.54%。由此可见，当注浆锚索间距由 0.8 m 增加到 1.6 m 时，注浆锚索对顶板下沉量和两帮移近量的控制效果较好。当注浆锚索间距由 1.6 m 增加到 2.0 m 时，顶板下沉量增加了 32.88%，两帮移近量增加了 11.4%。由此可见，当注浆锚索间距由 1.6 m 增加到 2.0 m 时，注浆锚索对运输巷顶板和两帮变形量的控制效果并不明显。另外，从不同注浆锚索间距下运输巷围岩塑性区分布特征可得，随着注浆锚索间距的增加，顶板塑性区破坏范围也逐渐增加。当注浆锚索间距由 0.8 m 增加到 1.6 m 时，顶板塑性区破坏范围变化相对较小；而当注浆锚索间距由

1.6 m 增加到 2 m 时，顶板塑性区破坏范围明显增大。综合确定得出注浆锚索间距为 1.6 m。

4.2.2.3 注浆锚索长度的优化确定

注浆锚索对顶帮的控制方式主要是注浆和锚固，起到全长锚固作用，因此注浆锚索长度不同，在顶帮全长锚固范围以及预应力支护过程中产生的预应力控制范围也不同，从而围岩的变形也不同。本部分共建立 4 个计算模型，分别是注浆锚索长度为 4 m、5 m、6 m、7 m，不同注浆锚索长度模拟方案如图 4-27 所示，十采区运输巷围岩变形特征模拟结果如图 4-28～图 4-31 所示，围岩变形量比较如表 4-7 所列。

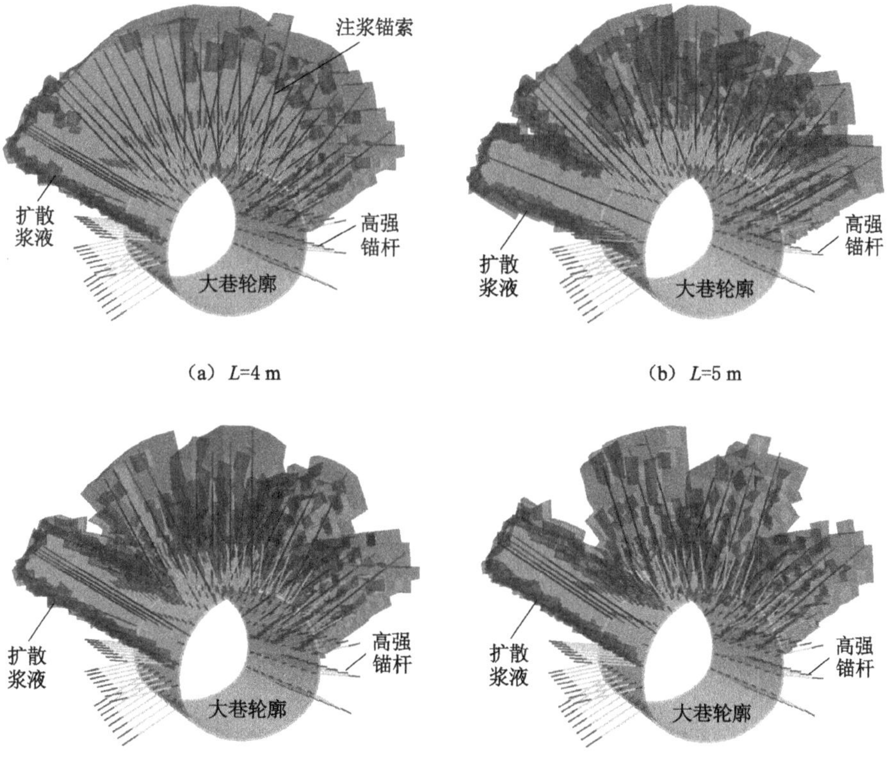

(a) L=4 m　(b) L=5 m　(c) L=6 m　(d) L=7 m

图 4-27　不同注浆锚索长度条件下运输巷支护模型

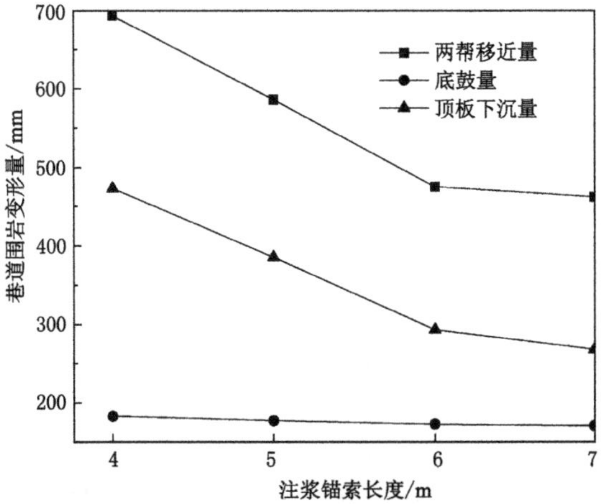

图 4-28　注浆锚索长度与十采区运输巷围岩变形量间的关系

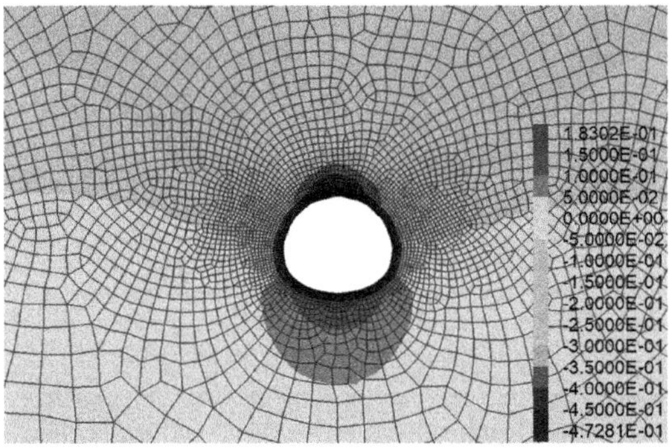

(a) L=4 m

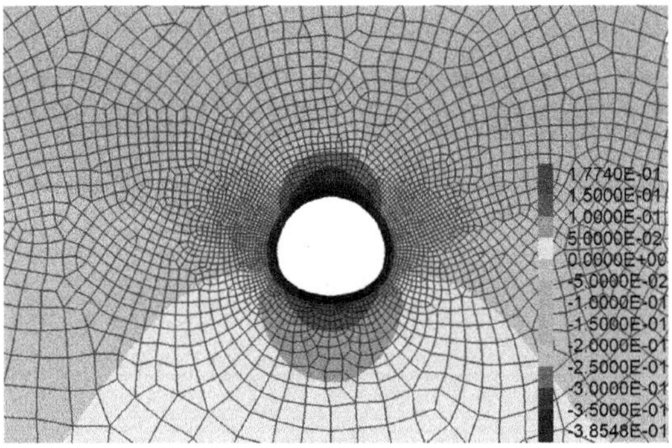

(b) L=5 m

图 4-29　不同注浆锚索长度条件下十采区运输巷围岩垂直位移分布云图

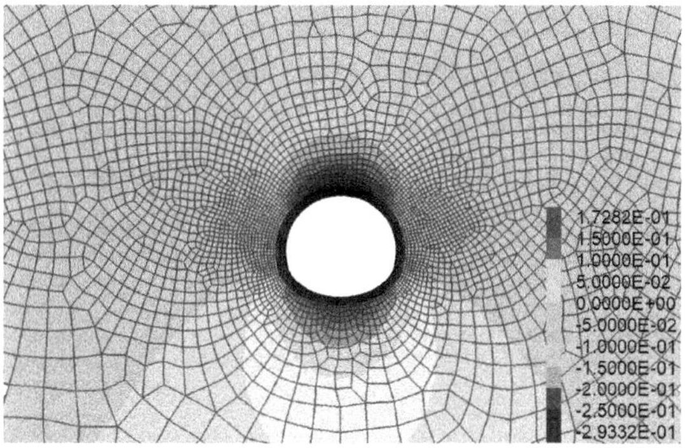

(c) L=6 m

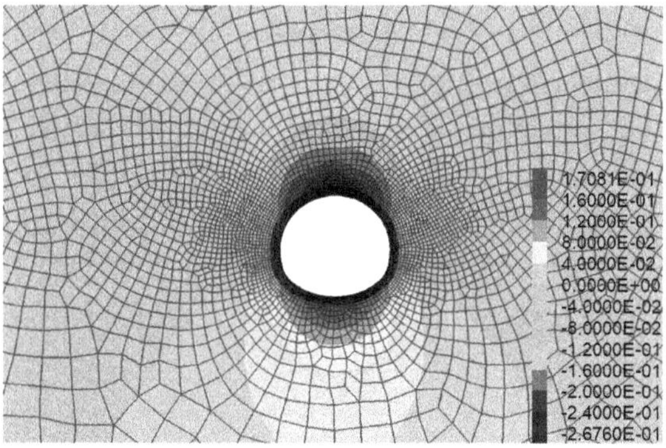

(d) L=7 m

图 4-29(续)

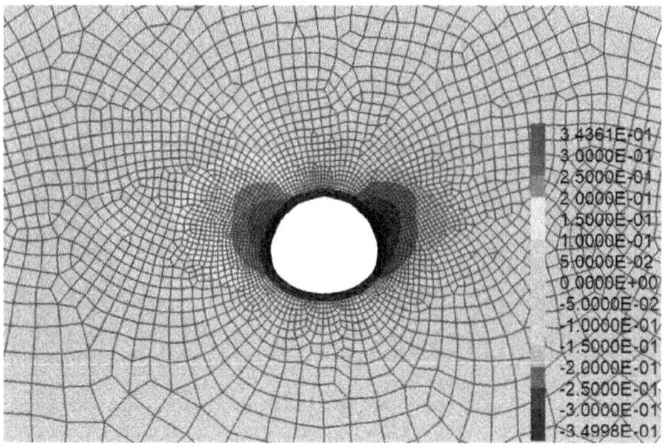

(a) L=4 m

图 4-30 不同注浆锚索长度条件下十采区运输巷围岩水平位移云图

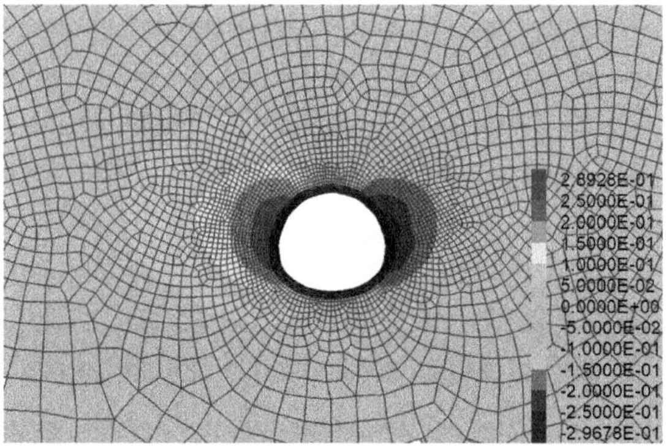

(b) L=5 m

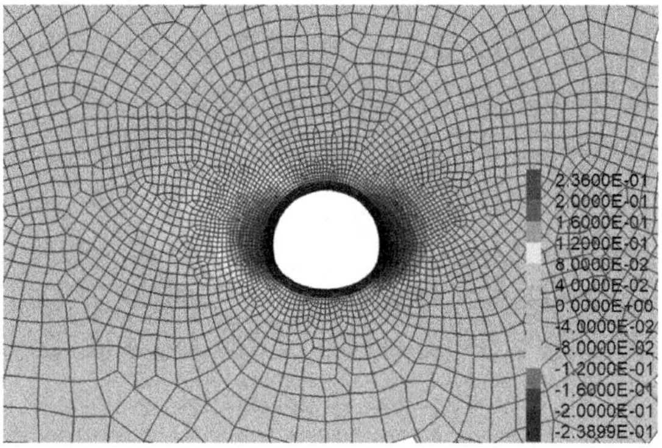

(c) L=6 m

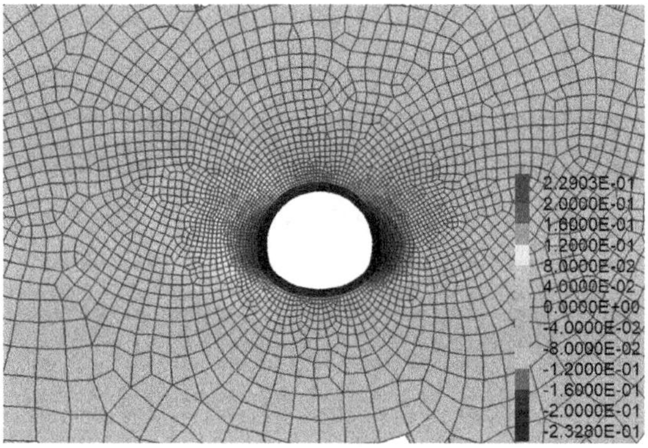

(d) L=7 m

图 4-30(续)

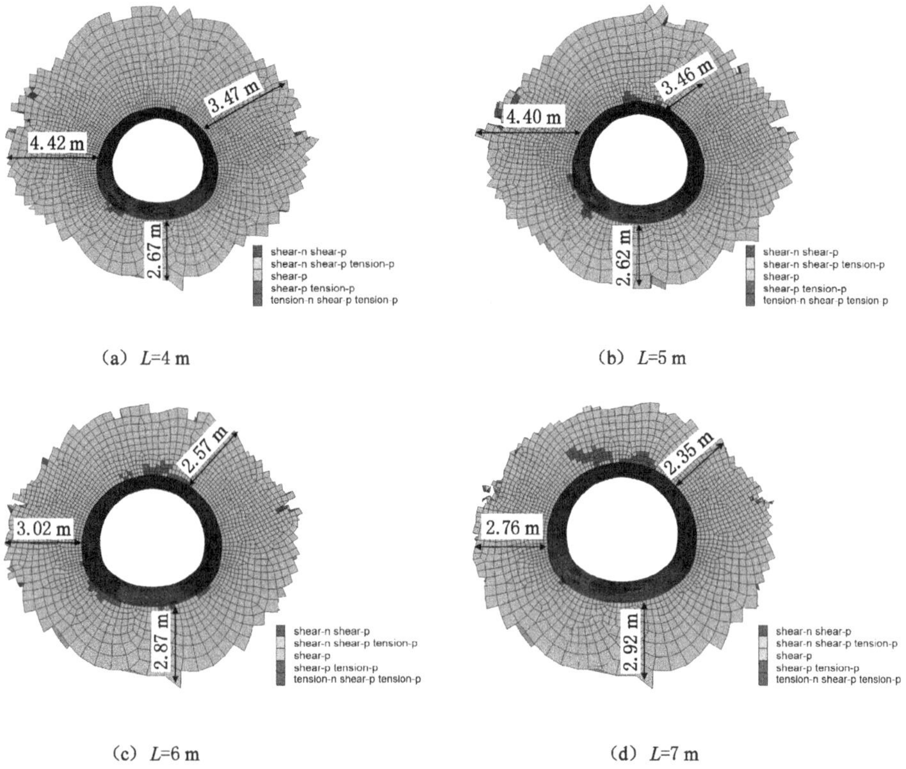

图 4-31 不同注浆锚索长度条件下十采区运输巷围岩塑性区破坏范围

表 4-7 不同注浆锚索长度时运输巷围岩变形量

注浆锚索长度/m	两帮移近量/mm	移近量占比/%	底鼓量/mm	底鼓量占比/%	顶板下沉量/mm	下沉量占比/%
4	693.59	100.00	183.02	100.00	472.81	100.00
5	586.06	84.50	177.40	96.93	385.48	81.53
6	474.99	68.48	172.82	94.43	293.32	62.04
7	461.83	66.59	170.81	93.33	267.60	56.60

通过对比不同注浆锚索长度条件下运输巷围岩的变形特征，可得：注浆锚索长度对运输巷顶板和两帮变形量影响较显著，对底鼓影响较小；注浆锚索长度为4 m和5 m时，两帮变形量和顶板下沉量均较锚索长度为6 m和7 m时大；当注浆锚索长度由4 m增加到5 m时，两帮移近量减小了15.50%，顶板下沉量减小了18.47%。由此可见，当注浆锚索长度由4 m增加至5 m时，注浆锚索能较好地控制顶板下沉量和两帮移近量，而对底鼓量影响相对较小。当注浆锚索长度由5 m增加至6 m时，两帮移近量和顶板下沉量均呈现下降趋势，顶板下沉量减小了19.49%，两帮移近量减小了16.02%。当注浆锚索长度由6 m增加至7 m时，顶板下沉量减小了5.44%，两帮移近量减小了1.89%。由此可见，当注浆锚索长度增加到6 m后，随着注浆锚索长度的增加，对于顶板和两帮的控制效果影响相对均较小，而注浆锚索长度增加也会增大支护成本。另外，从不同注浆锚索长度条件下运输巷围岩塑性区破坏范围变化特征也可得出，随着注浆锚索长度的增加，顶帮塑性区破坏范围逐渐减小，但减小幅度差别较大：当注浆锚索长度由5 m增加至6 m时，顶帮塑性区破坏范围降低幅度较显著，这有利于保障巷道顶帮的稳定；当注浆锚索长度由6 m增加至7 m时，顶帮塑性区破坏范围变化并不明显。结合不同注浆锚索长度条件下巷道围岩控制效果及支护成本，确定注浆锚索长度为6 m。

4.3 约束混凝土支架支护作用下注浆锚索支护主要参数的优化

4.1节和4.2节主要研究单一约束混凝土支架支护作用和单一注浆锚索支护条件下主要参数优化确定，可以得出运输巷围岩整体变形较大；本节将在约束混凝土支架支护作用下对注浆锚索支护参数开展模拟优化。

4.3.1 约束混凝土支架支护作用下注浆锚索压力的优化确定

本部分共建立4个数值计算模型，分别模拟约束混凝土支架作用下注浆锚索压力为1 MPa、2 MPa、3 MPa和4 MPa时运输巷围岩变形特征，如图4-32～图4-36所示，围岩变形量比较如表4-8所列。

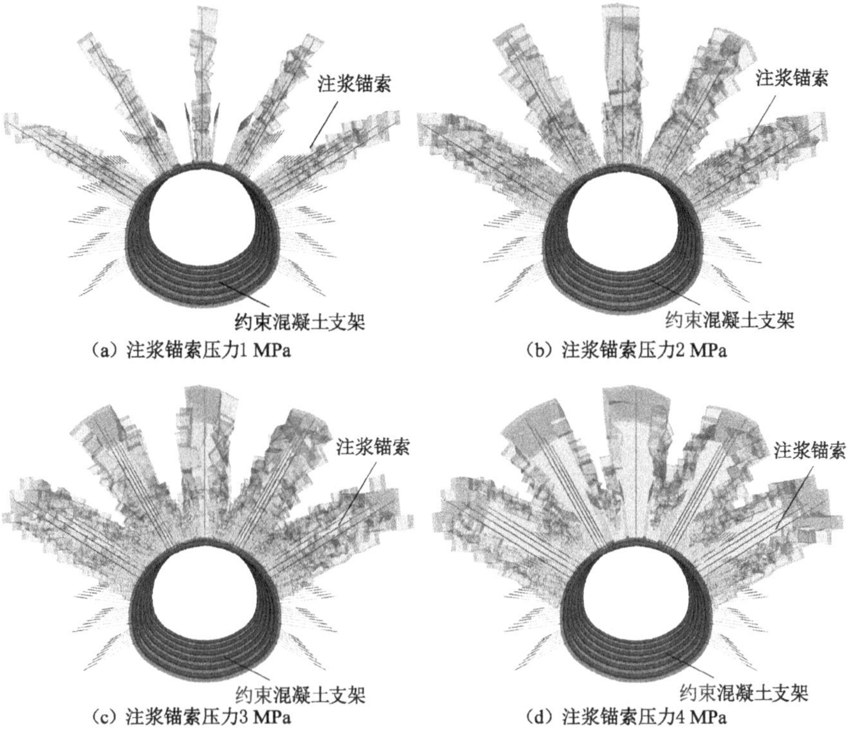

图 4-32 不同注浆锚索压力的模拟方案

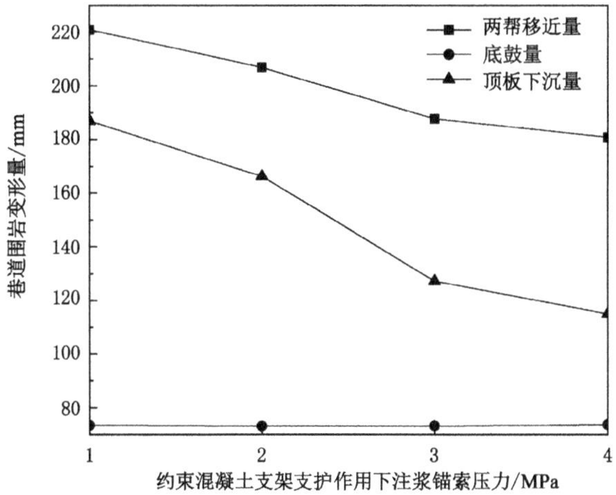

图 4-33 约束混凝土支架支护作用下注浆锚索压力与运输巷围岩变形量间的关系

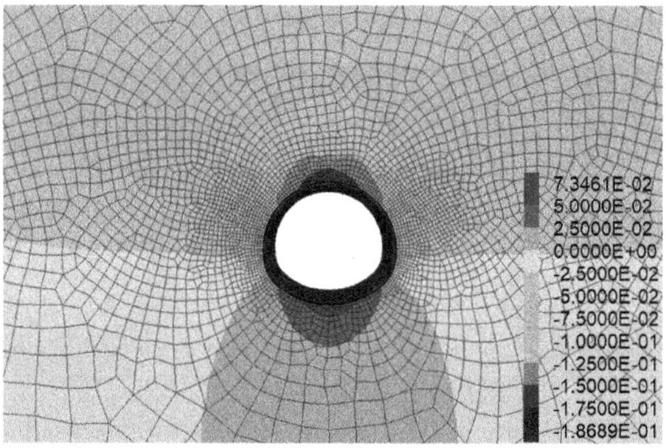

(a) 1 MPa

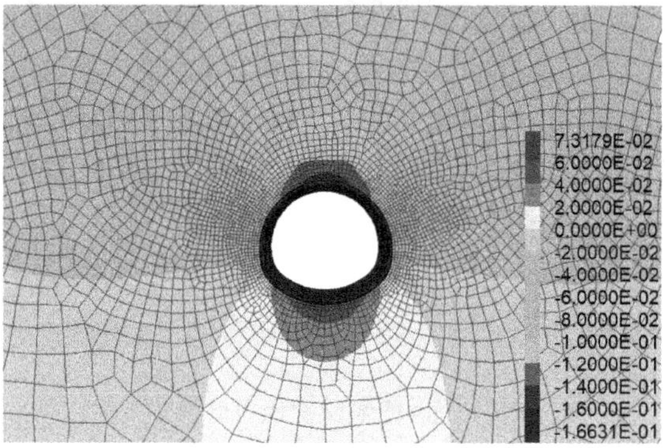

(b) 2 MPa

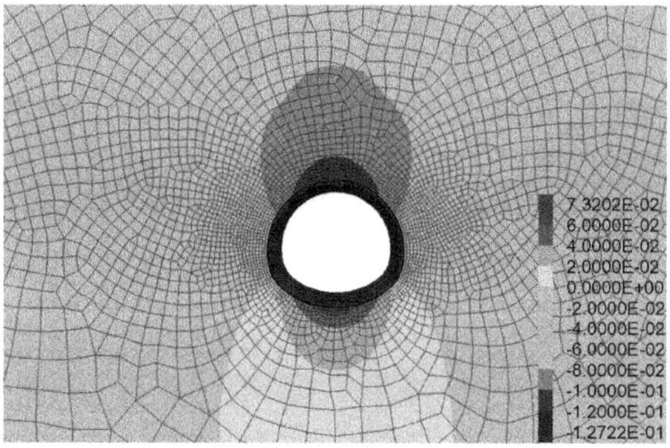

(c) 3 MPa

图 4-34　约束混凝土支架支护作用下不同注浆锚索压力时
十采区运输巷围岩垂直位移云图

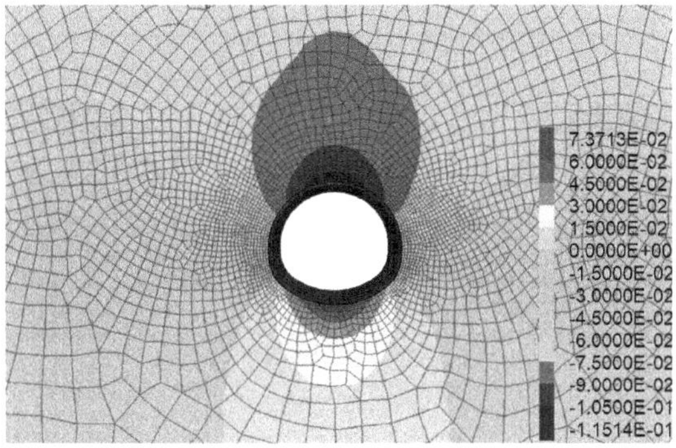

(d) 4 MPa

图 4-34(续)

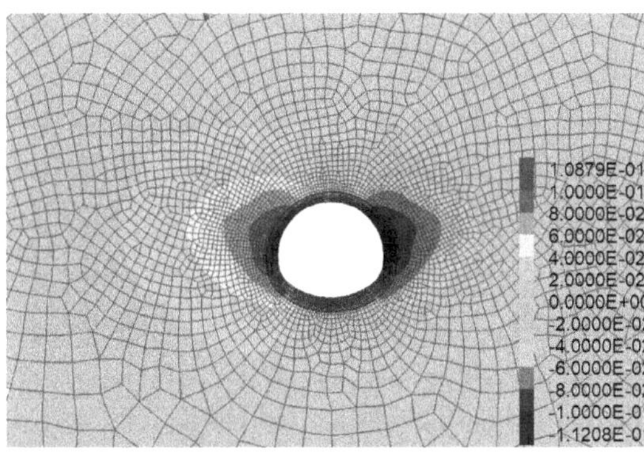

(a) 1 MPa

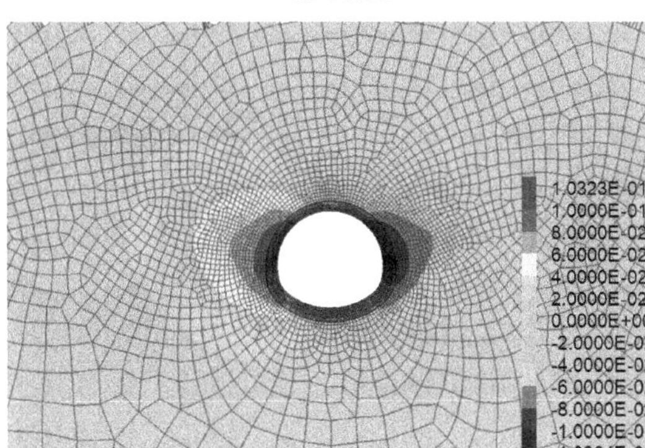

(b) 2 MPa

图 4-35 约束混凝土支架支护作用下不同注浆锚索压力时十采区运输巷围岩水平位移云图

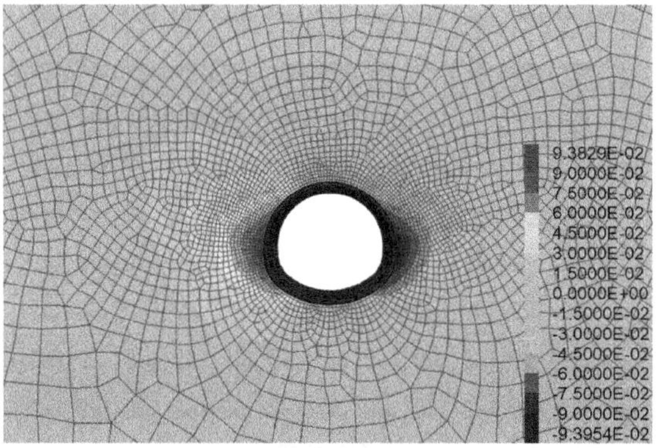

(c) 3 MPa

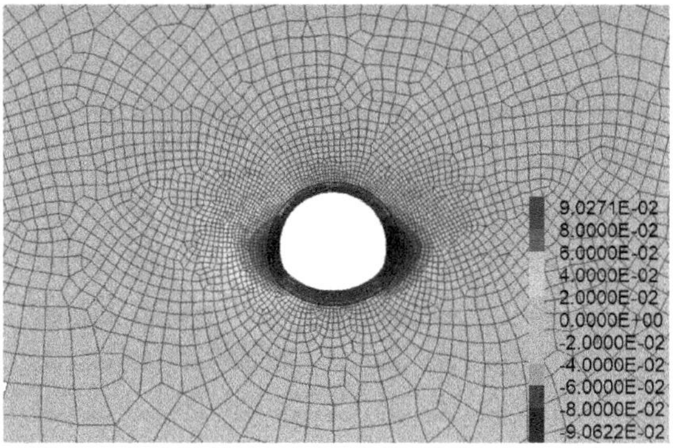

(d) 4 MPa

图 4-35(续)

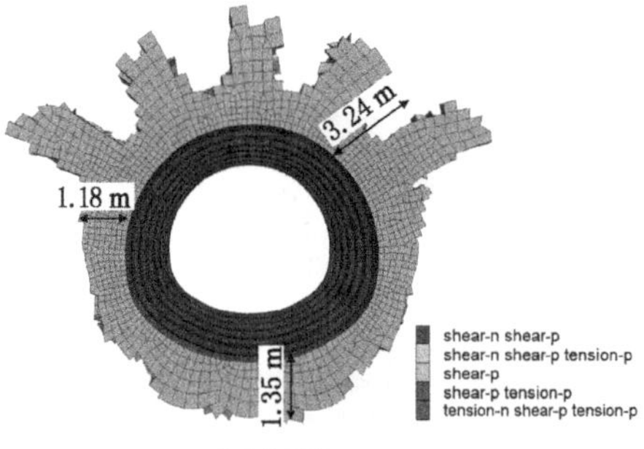

(a) 1 MPa

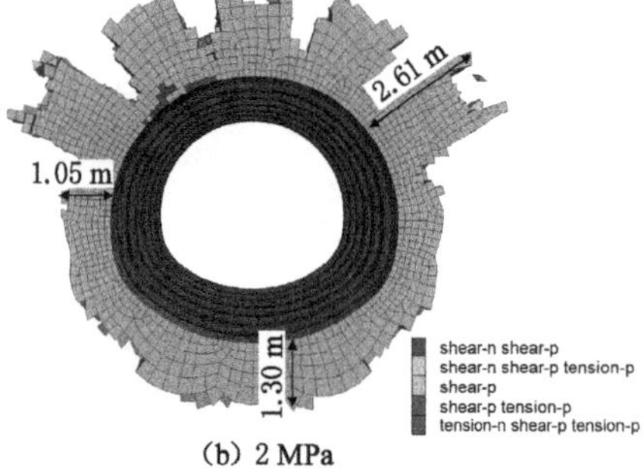

(b) 2 MPa

图 4-36 约束混凝土支架支护作用下不同注浆锚索压力时
十采区运输巷围岩塑性区破坏范围

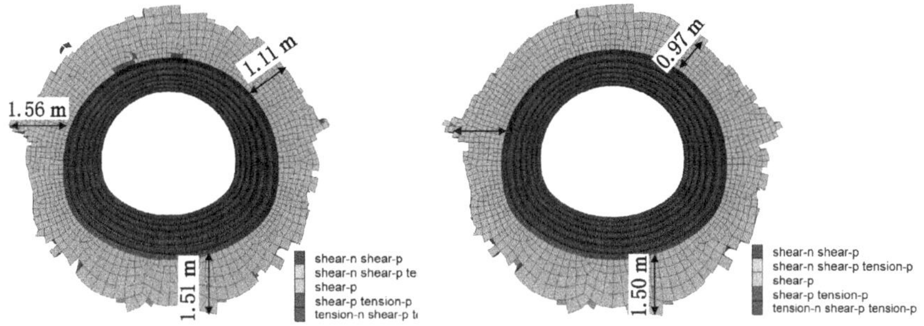

(c) 3 MPa　　(d) 4 MPa

图 4-36(续)

表 4-8　约束混凝土支架支护作用下不同注浆锚索压力时运输巷围岩变形量

注浆锚索压力/MPa	两帮移近量/mm	移近量占比/%	底鼓量/mm	底鼓量占比/%	顶板下沉量/mm	下沉量占比/%
1	220.87	100.00	73.46	100.00	186.89	100.00
2	206.87	93.66	73.18	99.62	166.31	88.99
3	187.78	85.02	73.20	99.65	127.22	68.07
4	180.89	81.90	73.71	100.34	115.14	61.61

通过对比单一注浆锚索、约束混凝土支架和注浆锚索内外承载协同支护条件下十采区运输巷围岩的顶板、两帮和底板变形量，可得：约束混凝土支架和注浆锚索内外承载协同支护条件下运输巷围岩整体变形量显著降低，在此基础上进一步优化注浆锚索压力。

在约束混凝土支架支护作用下，注浆锚索压力由 1 MPa 逐步增加至 4 MPa，顶板和两帮变形较显著，底板变形较小。当注浆锚索压力由 1 MPa 增加到 2 MPa 时，两帮移近量减小了 6.34%，顶板下沉量减小了 11.01%；当注浆锚索压力由 2 MPa 变到 3 MPa 时，两帮移近量减小了 8.64%，顶板下沉量减小了 20.92%。与单一注浆锚索支护类似，当注浆锚索压力由 1 MPa 增加到 3 MPa 时，注浆锚索控制顶板下沉量和两帮移近量效果较好。当注浆锚索压力由 3 MPa 增加到 4 MPa 时，顶板下沉量减小了 6.46%，两帮移近量减小了 3.12%。由此可见，当注浆锚索压力大于 3 MPa 时，在约束混凝土支架作用下，随着注浆锚索压力的增加，注浆锚索对顶板和底板的控制效果并不理想。另外，从约束混凝土支架支护作用下不同注浆锚索压力时十采区运输巷围岩塑性区分布特征可得：随着注浆锚索压力的增加，顶板塑性区破坏范围不断减小，尤其是当注浆锚索压力由 2 MPa 增加到 3 MPa 时，顶板塑性区破坏范围降低幅度最显著，有利于运输巷顶板的稳定；当注浆压力从 3 MPa 增加到 4 MPa 时，顶板塑性区破坏范围并不明显。综上所述，注浆锚索的注浆压力确定为 3 MPa。

4.3.2 约束混凝土支架支护作用下注浆锚索间距的优化确定

本部分共建立 4 个数值计算模型，分别模拟注浆锚索间距为 0.8 m、1.2 m、1.6 m、2.0 m 时运输巷围岩的变形特征，不同注浆锚索间距的模拟方案如图 4-37 所示，运输巷围岩变形特征模拟结果如图 4-38～图 4-41 所示，围岩变形量比较如表 4-9 所列。

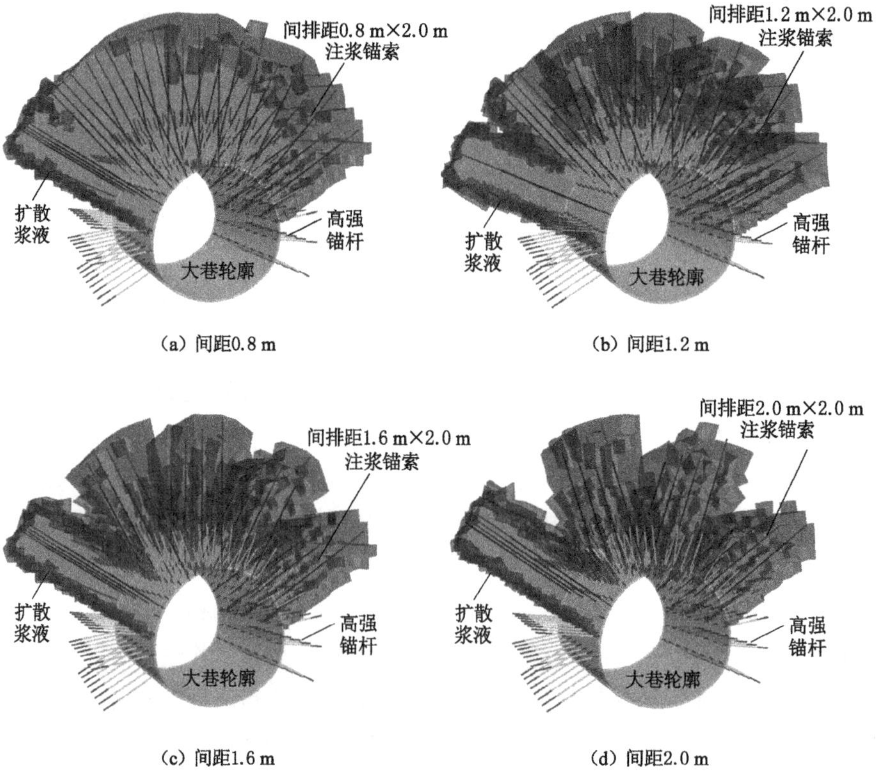

图 4-37 约束混凝土支架支护作用下不同注浆锚索间距的模拟方案

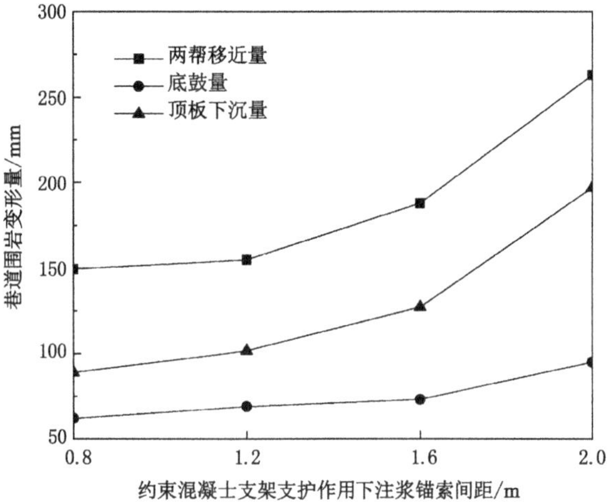

图 4-38　约束混凝土支架支护作用下注浆锚索间距与运输巷围岩变形量间的关系

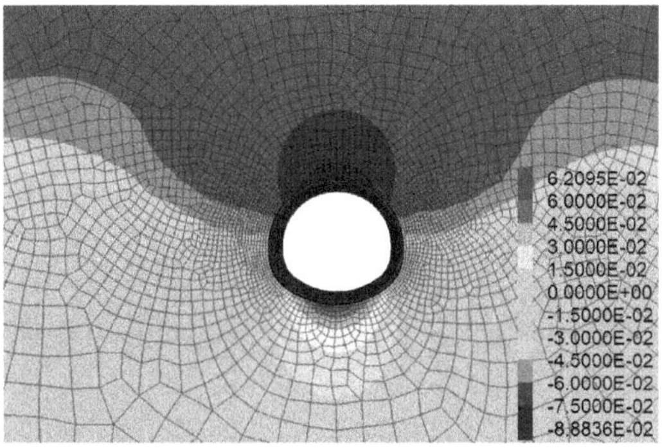

(a) 间距0.8 m

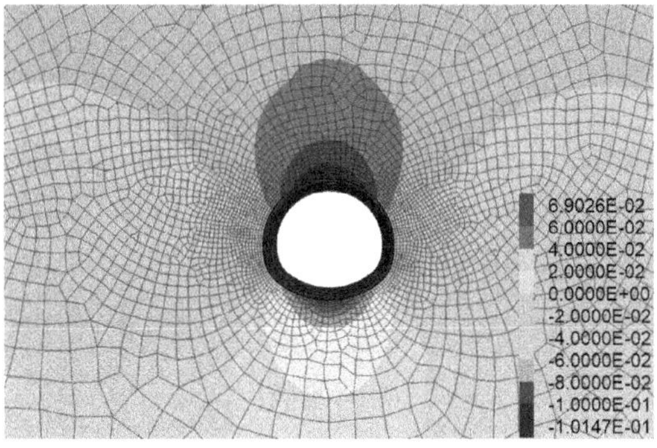

(b) 间距1.2 m

图 4-39　约束混凝土支架支护作用下不同注浆锚索间距时十采区运输巷围岩垂直位移云图

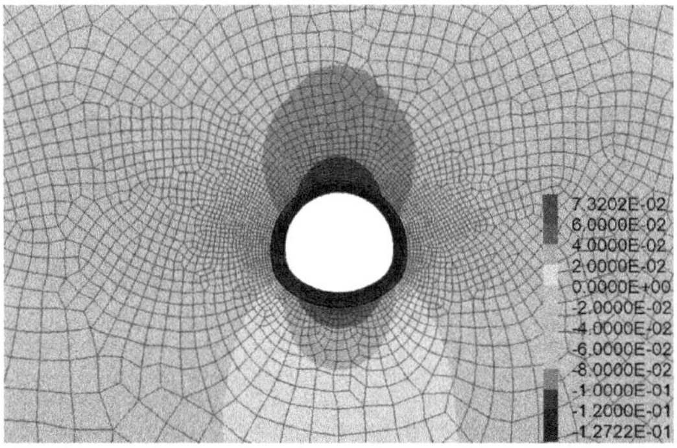

(c) 间距1.6 m

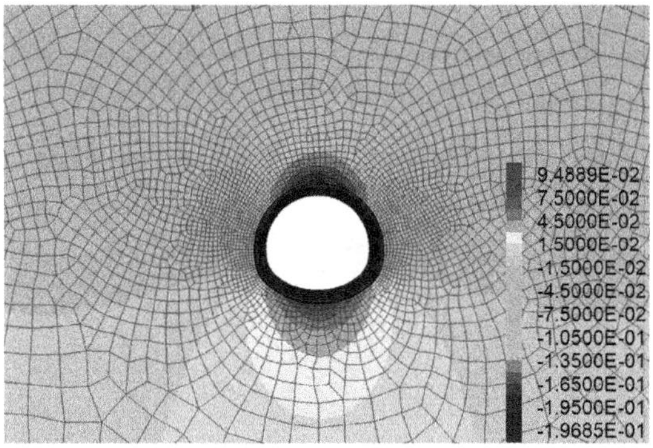

(d) 间距2.0 m

图 4-39(续)

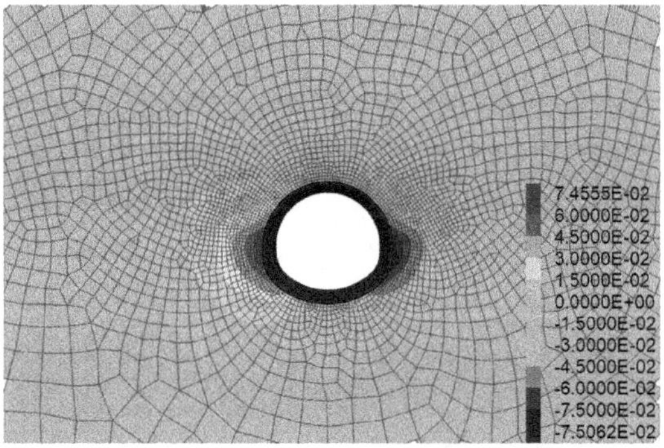

(a) 间距0.8 m

图 4-40　约束混凝土支架支护作用下不同注浆锚索间距时十采区运输巷围岩水平位移云图

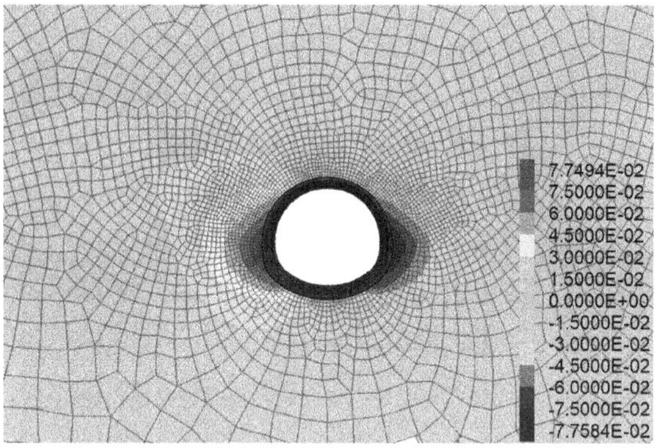

(b) 间距1.2 m

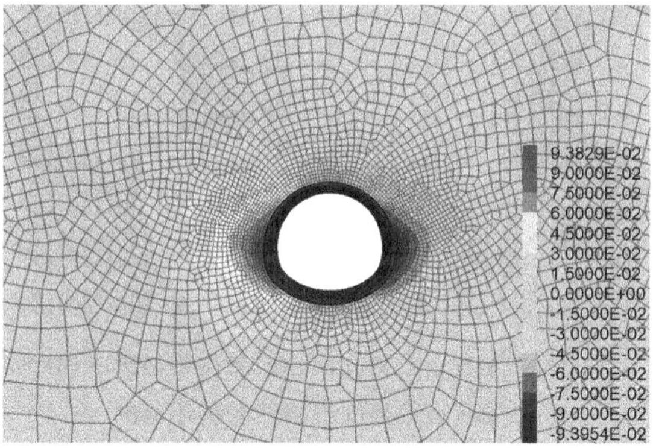

(c) 间距1.6 m

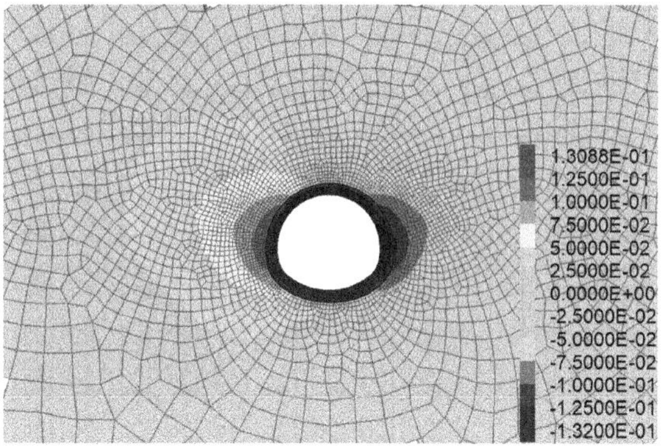

(d) 间距2.0 m

图 4-40(续)

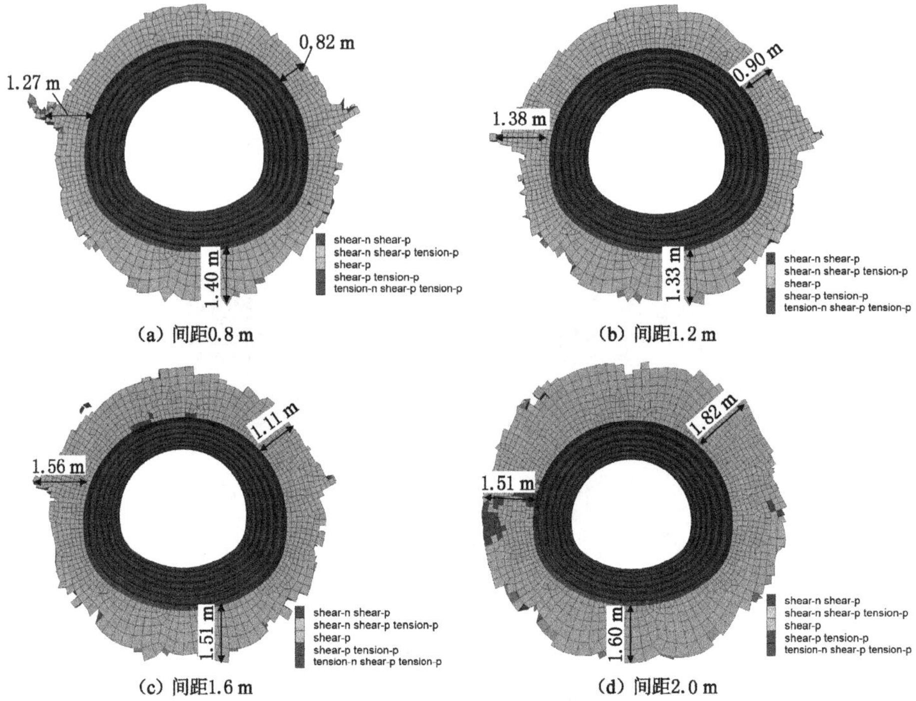

图 4-41　约束混凝土支架支护作用下注浆锚索不同间距时
十采区运输巷围岩塑性区破坏范围

表 4-9　约束混凝土支架支护作用下不同注浆锚索间距时运输巷围岩变形量

注浆锚索间距/m	两帮移近量/mm	移近量占比/%	底鼓量/mm	底鼓量占比/%	顶板下沉量/mm	下沉量占比/%
0.8	149.61	100.00	62.10	100.00	88.84	100.00
1.2	155.07	103.65	69.03	111.16	101.47	114.22
1.6	187.77	125.51	73.20	117.87	127.22	143.20
2.0	262.88	175.71	94.89	152.80	196.85	221.58

从模拟计算结果可得，约束混凝土支架支架作用下不同注浆锚索间距时，十采区运输巷围岩变形量较单一注浆锚索支护作用下，均呈现显著降低的趋势。

在约束混凝土支架支护作用下，当注浆锚索间距由 0.8 m 增加至 1.2 m 时，底鼓量增加了 11.16%，顶板下沉量增加了 14.22%，而两帮移近量仅增加了 3.65%；当注浆锚索间距由 1.2 m 增加至 1.6 m 时，顶板、两帮和底板变形量分别增加了 28.98%、21.86%和 6.71%。由此可见，当注浆锚索间距由 0.8 m 增加到 1.6 m 时，注浆锚索对顶板下沉量和两帮移近量控制效果良好。但当注浆锚索间距由 1.6 m 增加至 2.0 m 时，顶板下沉量增加了 78.38%，两帮移近量增加了 50.2%，底鼓量增加了 34.93%。由此可见，当注浆锚索间距由 1.6 m 增加到 2.0 m 时，注浆锚索对运输巷顶板和两帮的控制效果大幅度减弱。另外，从不同注浆锚索间距时运输巷围岩塑性区分布特征可得，随着注浆锚索间距的增加，顶板塑性区破坏范围整体呈现增大趋势，尤其当注浆锚索间距由 1.6 m 增加至 2.0 m 时，顶板塑性区破坏范围增幅明显。综上分析，确定约束混凝土支架支护作用下注浆锚索间距为 1.6 m。

4.3.3　约束混凝土支架支护作用下注浆锚索长度的优化确定

注浆锚索对顶帮的控制形式主要是注浆和锚固，起到全长锚固作用，因此注浆锚索长度不同，在顶帮全长锚固范围以及预应力支护过程中产生的压应力作用范围也不同，从而巷道围岩的变形也不同。本部分共建立 4 个计算模型，分别是注浆锚索长度为 4 m、5 m、6 m、7 m，不同注浆锚索长度时运输巷围岩变形量如表 4-10 所列，不同注浆锚索长度模拟方案如图 4-42 所示，十采区运输巷围岩变形特征模拟结果如图 4-43～图 4-46 所示。

表 4-10　约束混凝土支架支护作用下不同注浆锚索长度时运输巷围岩变形量

注浆锚索长度/m	两帮移近量/mm	移近量占比/%	底鼓量/mm	底鼓量占比/%	顶板下沉量/mm	下沉量占比/%
4	210.98	100.00	73.06	100.00	155.68	100.00
5	197.91	93.81	72.80	99.64	138.33	88.86
6	187.78	89.00	73.20	100.19	127.22	81.72
7	185.87	88.10	73.77	100.97	115.24	74.02

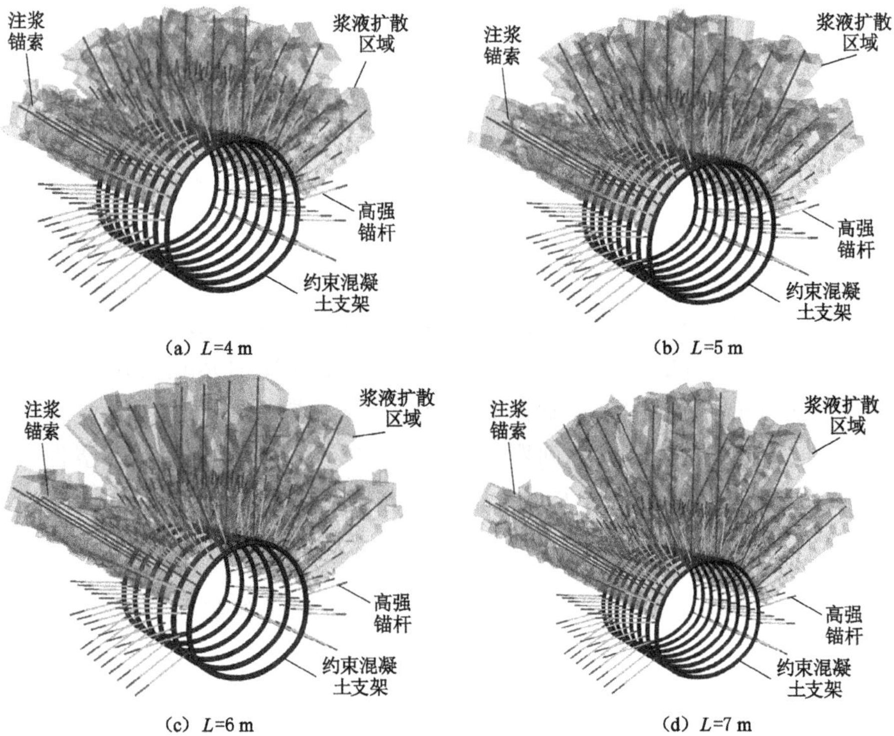

(a) L=4 m (b) L=5 m (c) L=6 m (d) L=7 m

图 4-42 约束混凝土支架支护作用下不同注浆锚索长度及浆液扩散区域模型

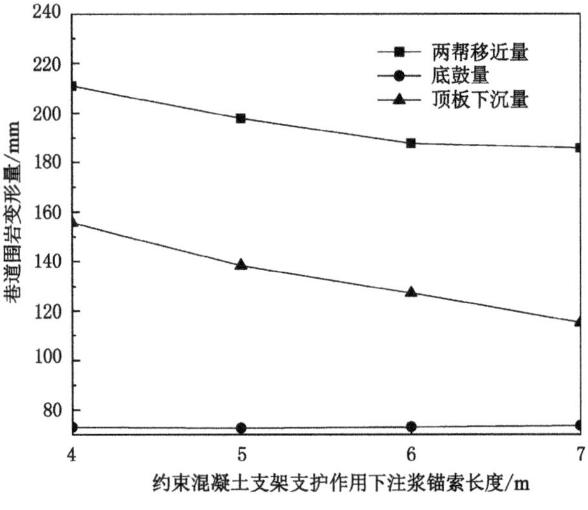

图 4-43 约束混凝土支架支护作用下注浆锚索长度与运输巷围岩变形量间的关系

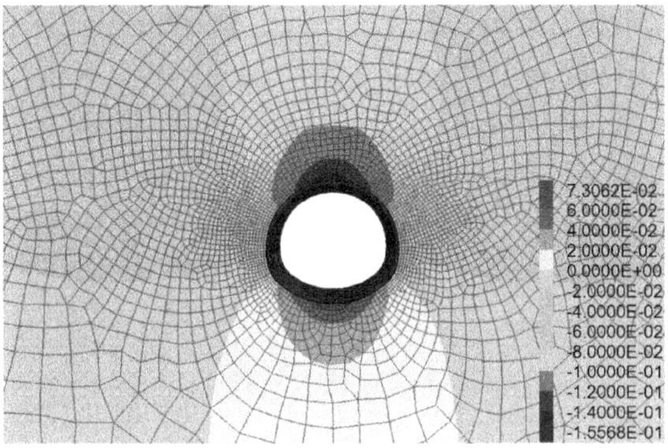

（a）L=4 m

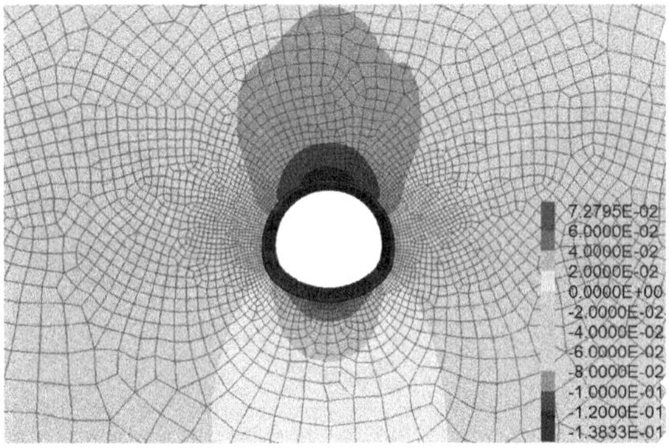

（b）L=5 m

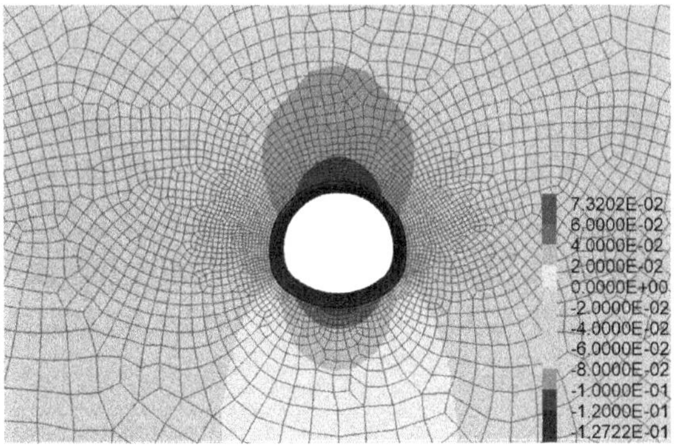

（c）L=6 m

图 4-44　约束混凝土支架支护作用下不同注浆锚索长度时十采区运输巷围岩垂直位移云图

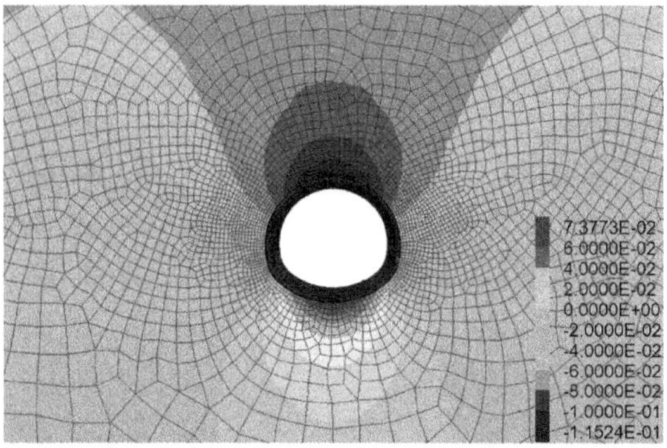

（d）L=7 m

图 4-44（续）

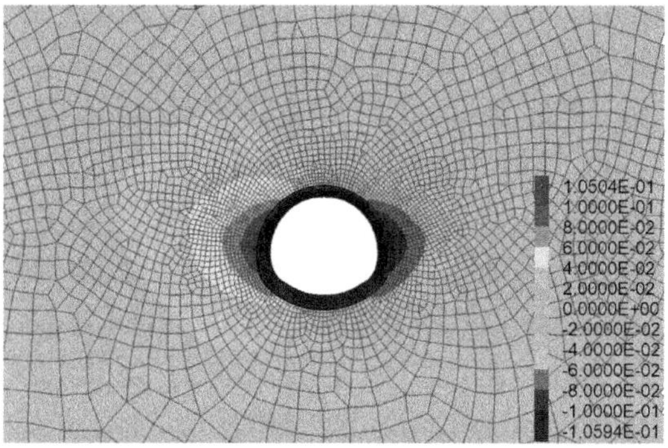

（a）L=4 m

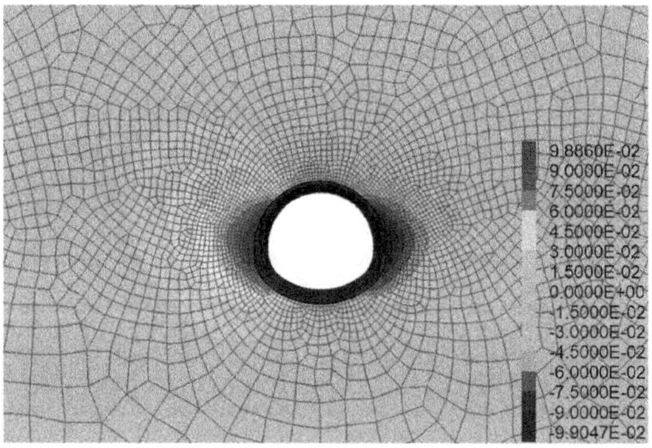

（b）L=5 m

图 4-45　约束混凝土支架支护作用下不同注浆锚索长度时十采区运输巷围岩水平位移云图

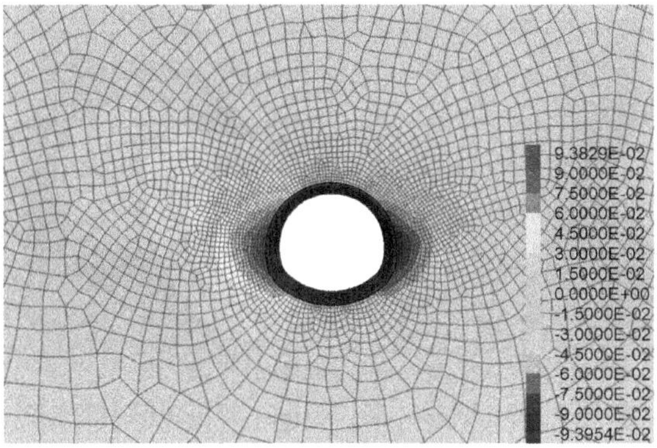

(c) L=6 m

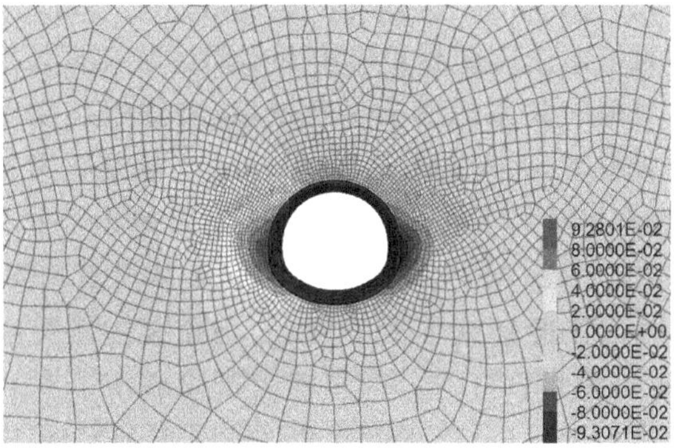

(d) L=7 m

图 4-45(续)

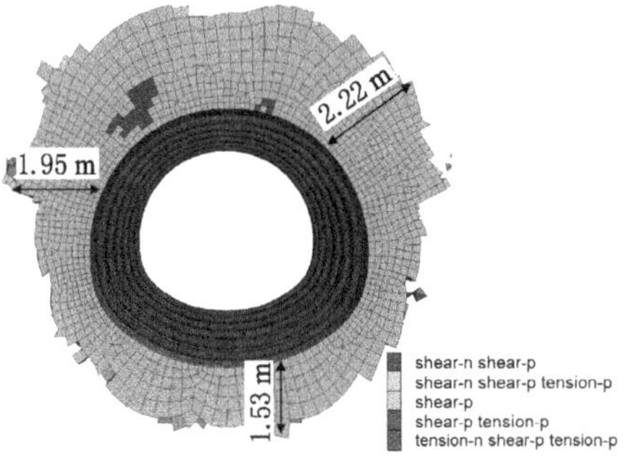

(a) L=4 m

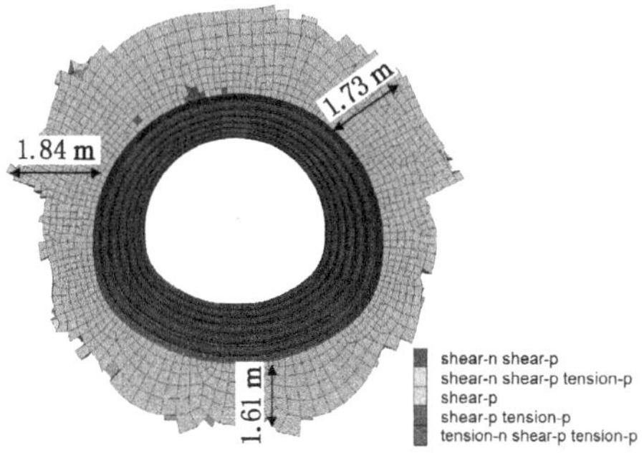

(b) L=5 m

图 4-46 约束混凝土支架支护作用下不同注浆锚索长度时
十采区运输巷围岩塑性区破坏范围

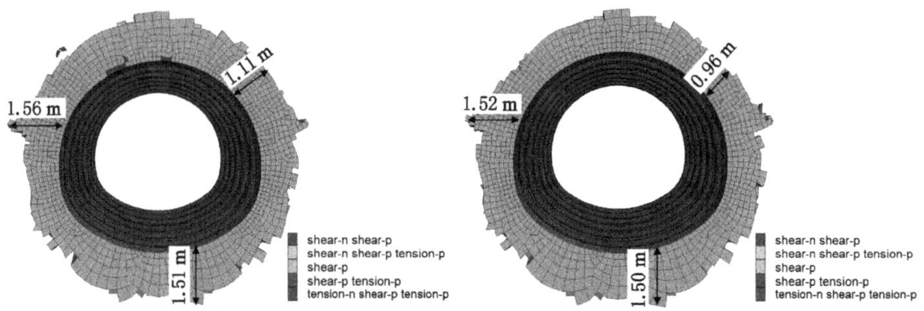

(c) L=6 m　　(d) L=7 m

图 4-46(续)

通过对比约束混凝土支架支护作用下不同注浆锚索长度时运输巷围岩变形特征,可得:与单一注浆锚索支护类似,注浆锚索长度对运输巷顶板和两帮变形量影响较显著,而对底鼓量影响较小;当注浆锚索长度由 4 m 增加至 5 m 时,两帮移近量减小了 6.19%,顶板下沉量减小了 11.14%;当注浆锚索长度由 5 m 变化到 6 m 时,两帮移近量和顶板下沉量均降低,顶板下沉量减小了 7.14%,两帮移近量减小了 4.81%;当注浆锚索长度由 6 m 变化到 7 m 时,顶板下沉量减小了 7.7%,两帮移近量仅减小了 0.9%。由此可见,当注浆锚索长度增加到 6 m 后,随着注浆锚索长度的增加,其对于两帮控制效果的影响相对较小;同样,随注浆锚索长度的增加,支护成本也会增大。另外,从不同注浆锚索长度时运输巷围岩塑性区破坏范围变化特征也可得出:当注浆锚索长度由 5 m 增加至 6 m 时,顶帮塑性区破坏范围降低幅度较显著,这有利于保障大巷顶帮的稳定;当注浆锚索长度由 6 m 增加至 7 m 时,巷道围岩塑性区破坏范围减小幅度并不明显。结合不同注浆锚索长度时巷道围岩控制效果及支护成本,确定注浆锚索长度为 6 m。

4.4 优化参数后的高应力破碎软岩巷道围岩支护效果分析

4.4.1 水峪煤业十采区运输巷

综合以上参数优化的结果,提出水峪煤业深部高应力破碎软岩巷道围岩内外承载体环形协同控制关键参数为:约束混凝土支架管径为 194 mm,

排距为 1 m；注浆锚索压力为 3 MPa，间距为 1.6 m，长度为 6 m。为了分析评估优化参数后内外承载体环形协同控制技术对深部高应力破碎软岩巷道围岩的控制效果，结合数值模拟计算结果进行分析，模拟结果如图 4-47 所示。

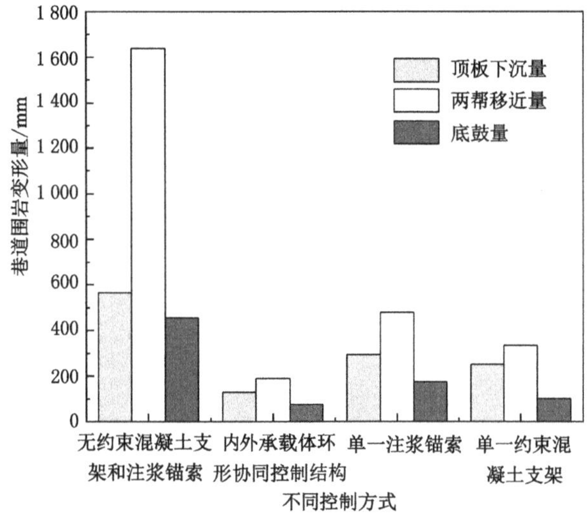

图 4-47 不同控制方式下十采区运输巷围岩变形量

由模拟结果可得：采用内外承载体环形协同控制结构进行支护时，十采区运输巷顶板最大下沉量为 127.22 mm，两帮移近量为 187.78 mm，底鼓量为 73.2 mm，巷道围岩整体变形较小；另外，大巷围岩整体塑性区破坏范围小，控制效果良好。

将内外承载体环形协同控制方案与单一注浆锚索支护方案、单一约束混凝土支架支护方案下的巷道围岩控制效果进行综合比较，得到如图 4-48～图 4-50 所示的十采区运输巷围岩位移云图，由图可得：

内外承载体环形协同控制方案下十采区运输巷顶板下沉量较无约束混凝土支架和注浆锚索支护方案下下降了 77.44%，较单一约束混凝土支架支护案下下降了 21.77%，较单一注浆锚索支护方案下下降了 29.45%；两帮移近量方面，采用内外承载体环形协同控制方案较无约束混凝土支架和注浆锚索方案下降了 88.52%，较单一注锚索支护方案下降了 17.56%；底鼓量方面，采用内外承载体环形协同控制方案较无约束混凝土支架和注浆锚索支护方案下降了 83.82%，较单一注浆锚索支护方案下降了 22.03%。

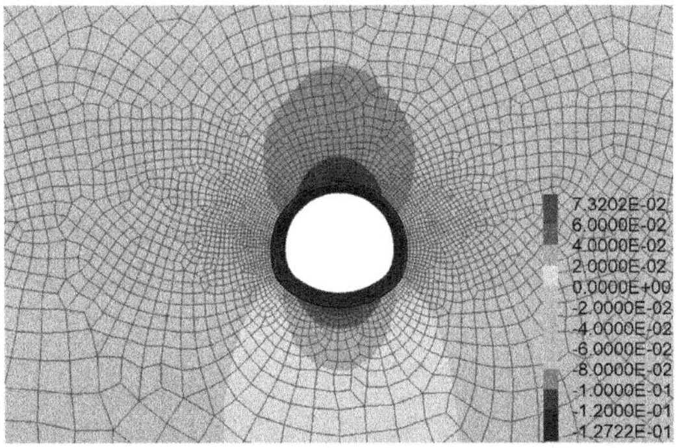

(a) 垂直位移

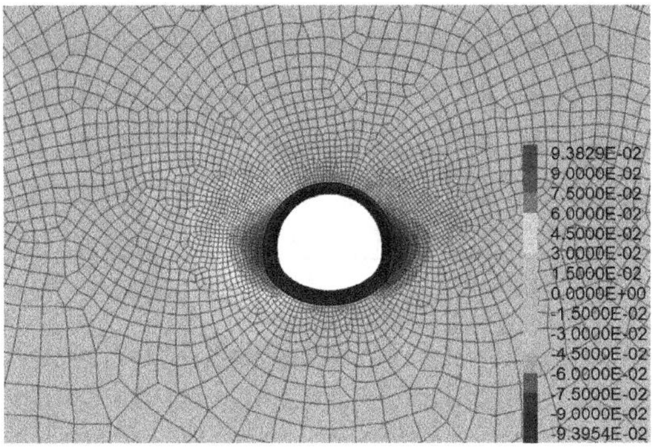

(b) 水平位移

图 4-48 内外承载体环形协同控制方案下十采区运输巷围岩位移云图

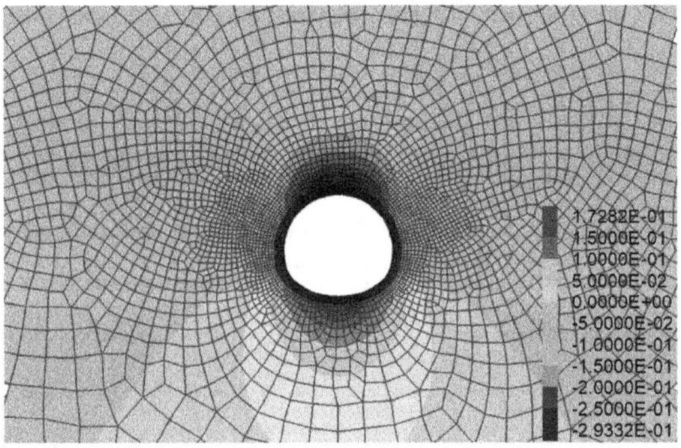

(a) 垂直位移

图 4-49 单一注浆锚索支护方案下十采区运输巷围岩位移云图

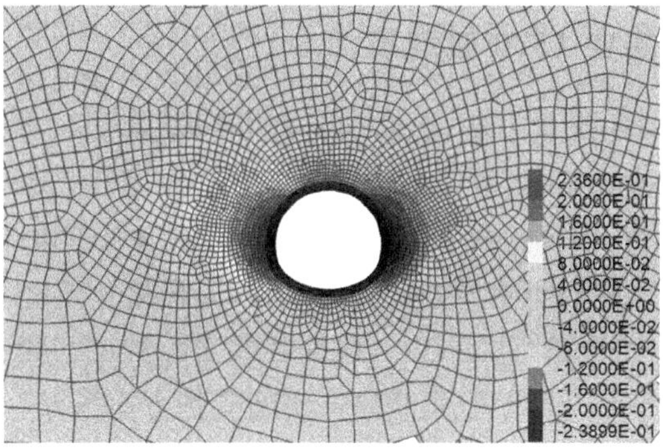

(b) 水平位移

图 4-49(续)

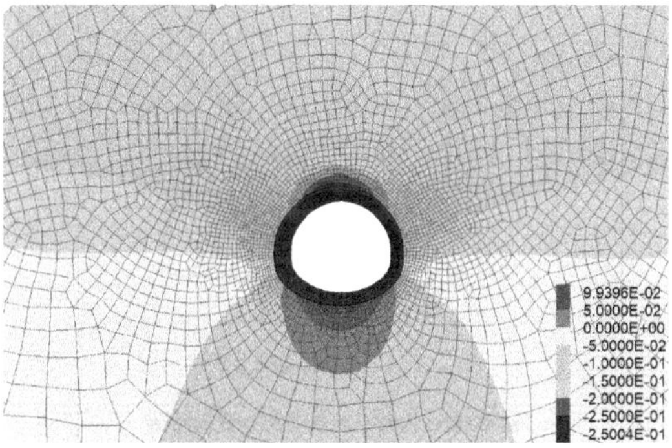

(a) 垂直位移

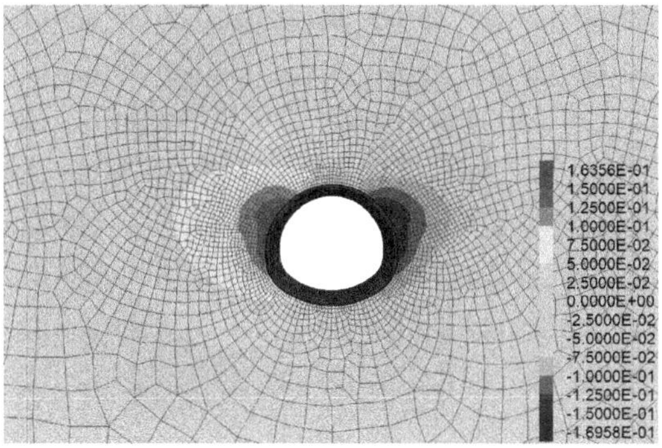

(b) 水平位移

图 4-50 单一约束混凝土支架支护方案下十采区运输巷围岩位移云图

4.4.2 打牛厂煤业 1570 轨道石门

采用上述类似的优化方法，综合确定打牛厂煤业 1570 轨道石门围岩控制方案：约束混凝土支架管径为 194 mm，锚索使用 SKZ22-1/1860 型高压中空注浆锚索，锚索直径为 21.8 mm、长度为 6.3 m、间距为 1.1 m、排距为 2 m。

为分析 1570 轨道石门支护方案的可靠性，同样采用 FLAC^{3D} 数值模拟软件对方案支护效果进行分析(图 4-51)。根据现场实际情况，开挖和支护方案实施顺序为：巷道开挖→22$^{\#}$ 煤工作面开挖→实施支护方案→15$^{\#}$ 煤工作面开挖。

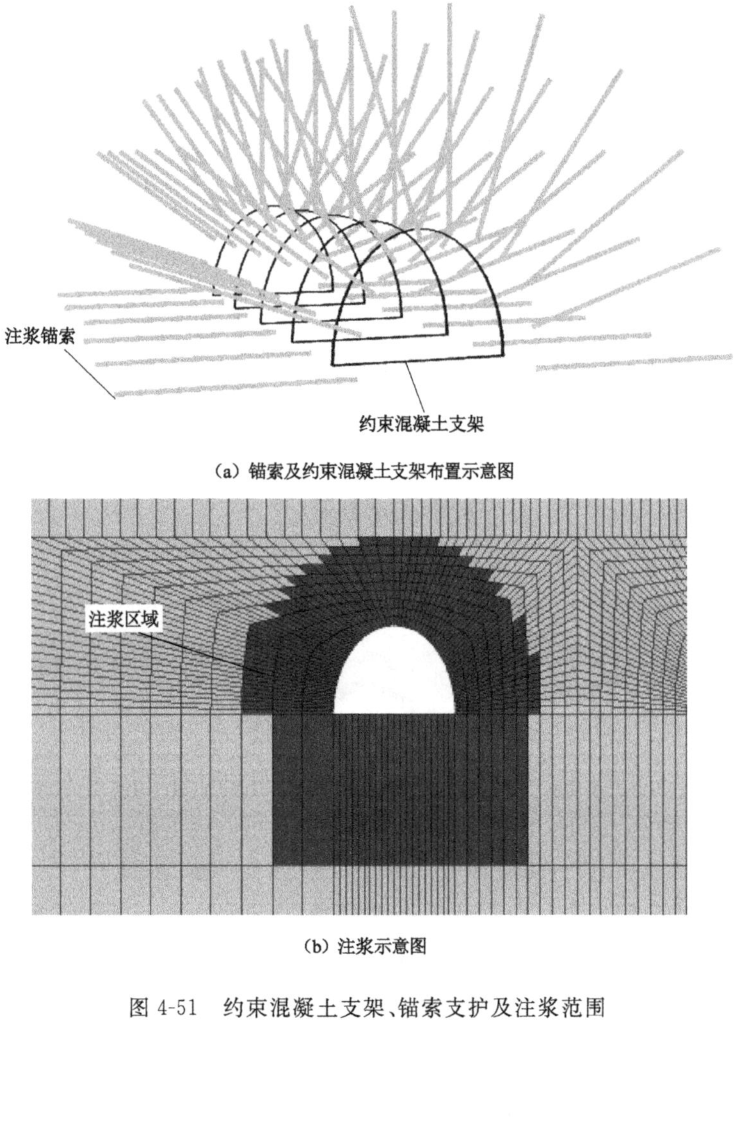

图 4-51 约束混凝土支架、锚索支护及注浆范围

采取内外承载体环形协同控制方案后，断面Ⅰ及断面Ⅱ巷道围岩变形情况如图 4-52、图 4-53 所示。

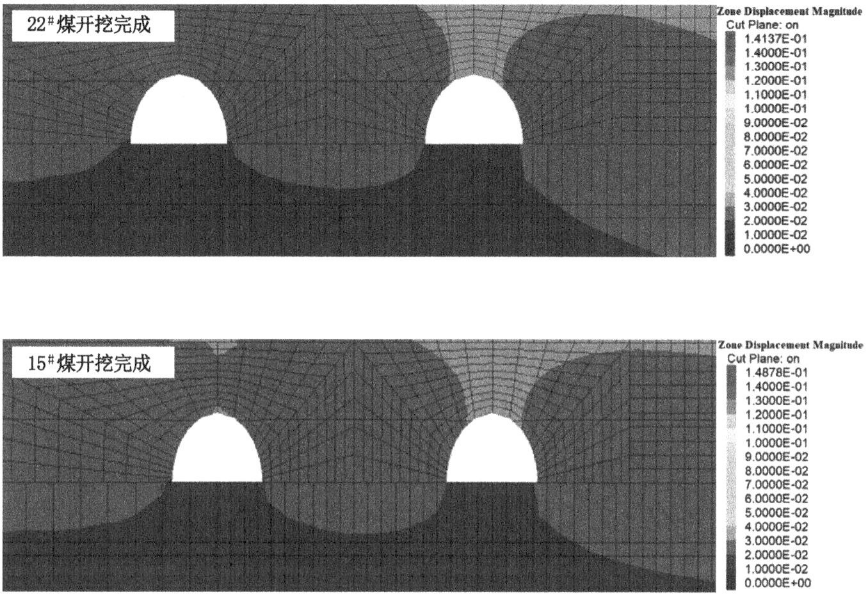

图 4-52 支护后断面Ⅰ巷道围岩变形情况

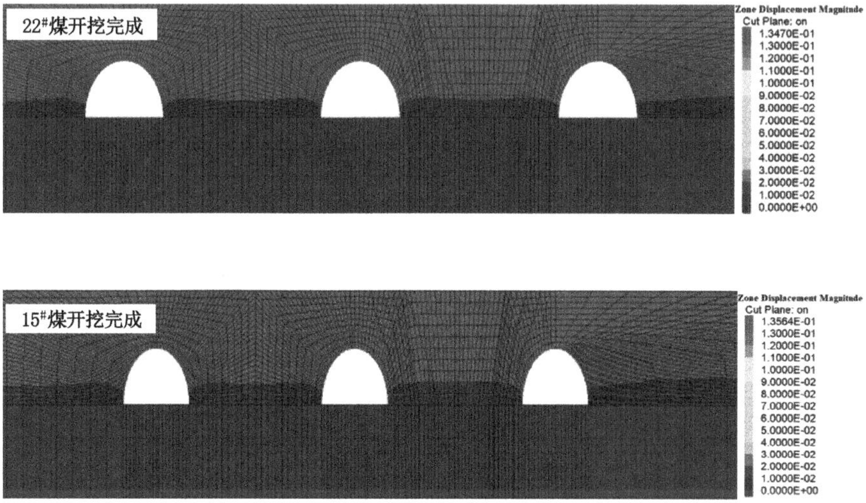

图 4-53 支护后断面Ⅱ巷道围岩变形情况

由图 4-52 可得：1570 轨道石门在 22# 煤开挖完成后，顶底板最大移近量为 0.14 m，两帮最大移近量 0.14 m；15# 煤开挖完成后，顶底板最大移近量为 0.15 m，两帮最大移近量 0.14 m。较未采取有效控制方案时，顶底板及两帮最大移近量分别减小 1.51 m 和 1.33 m。

由图 4-53 可得：巷道断面Ⅱ采取支护方案后，1570 轨道石门在 22# 煤开挖完成后，顶底板最大移近量为 0.134 m，两帮最大移近量为 0.12 m；15# 煤开挖完成后，顶底最大移近量为 0.135 m，两帮最大移近量为 0.12 m。相较于未采取有效控制方案时，1570 轨道石门顶底板及两帮最大移近量分别减小了 2.31 m 和 1.35 m。由此可得，采取内外承载体环形协同支护方案后，断面Ⅰ及断面Ⅱ两帮及顶底板收敛量分别降低了 91.5%和 90.47%。

为进一步分析 1570 轨道石门采取措施后的效果，对有无支护条件下的巷道顶板变形及应力分布进行分析。在距离巷道顶板位置 0.2 m 处选取平面（平行于 xOy 平面），获取该平面变形（图 4-54）及应力分布（图 4-55）。由图 4-54、图 4-55 可得，随着巷道开挖→22# 煤开挖→15# 煤开挖后，支护条件下的 1570 运输石门、1570 轨道变形均明显小于无支护条件下的巷道变形。这表明采取的支护措施显著控制了巷道变形。

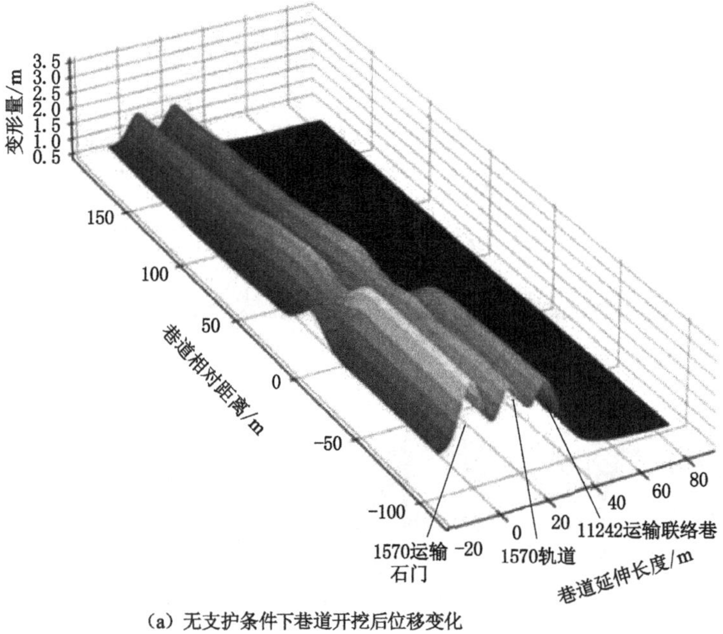

(a) 无支护条件下巷道开挖后位移变化

图 4-54　有无支护条件下 1570 巷道变形量对比

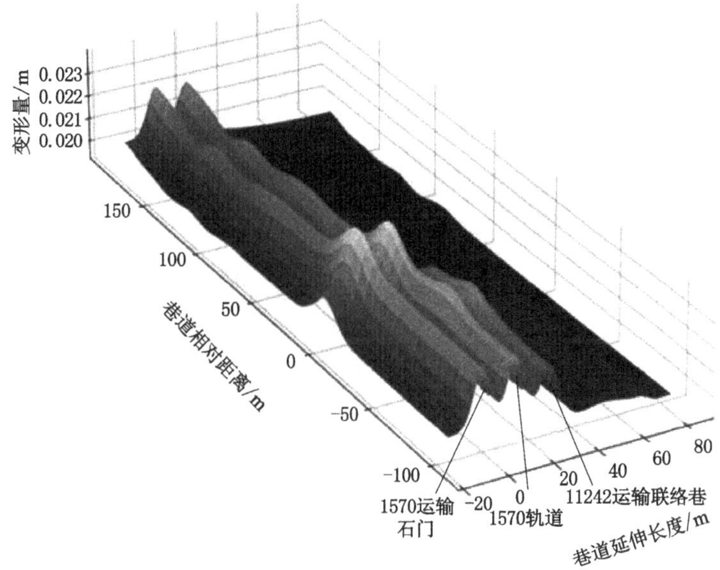

(b) 有支护条件下巷道开挖后位移变化

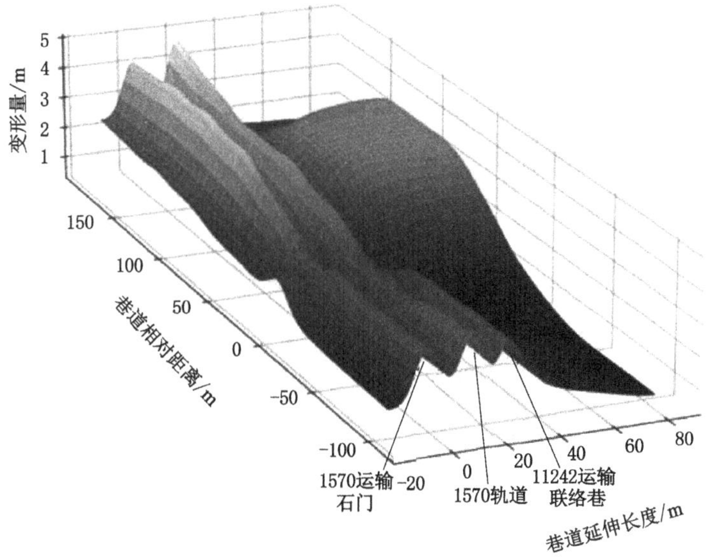

(c) 无支护条件下22#煤开挖后位移变化

图 4-54(续)

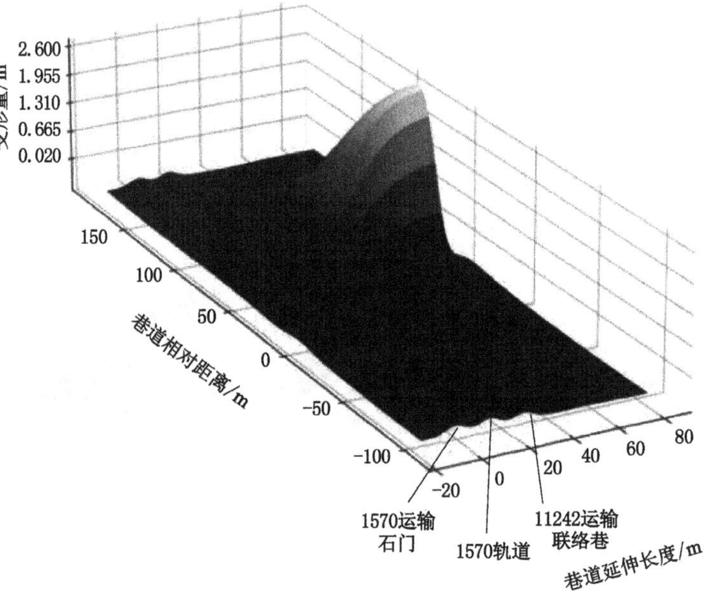

（d）有支护条件下22#煤开挖后位移变化

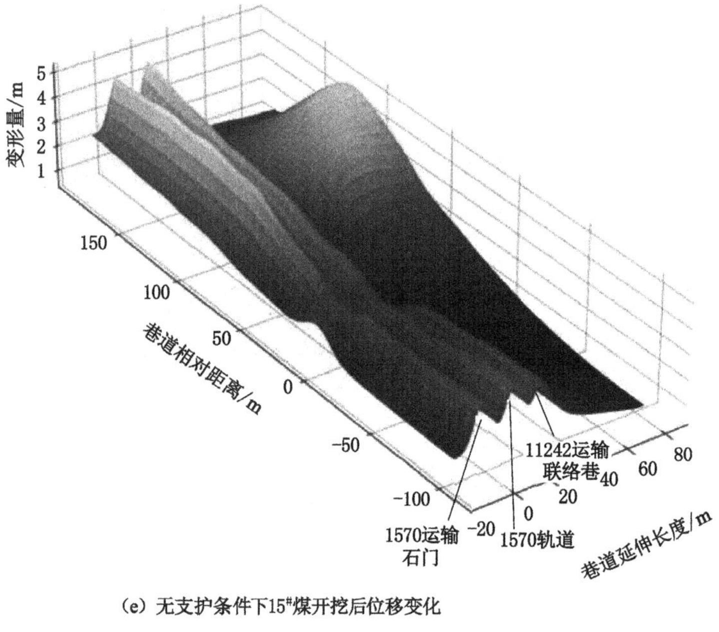

（e）无支护条件下15#煤开挖后位移变化

图 4-54（续）

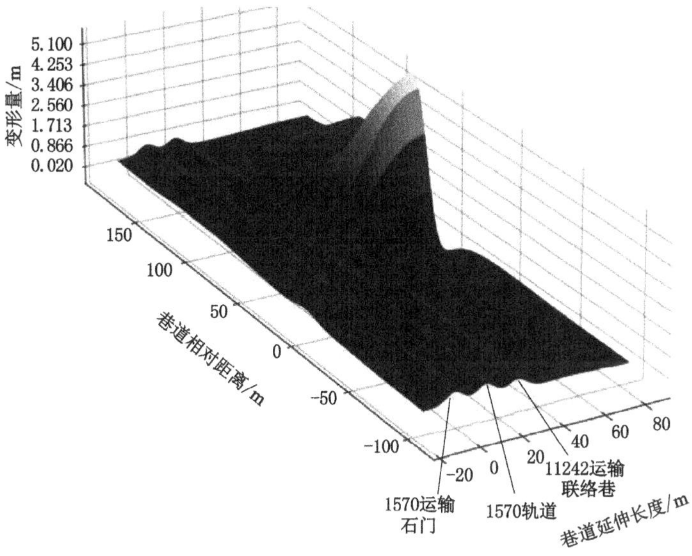

(f) 有支护条件下15#煤开挖后位移变化

图 4-54(续)

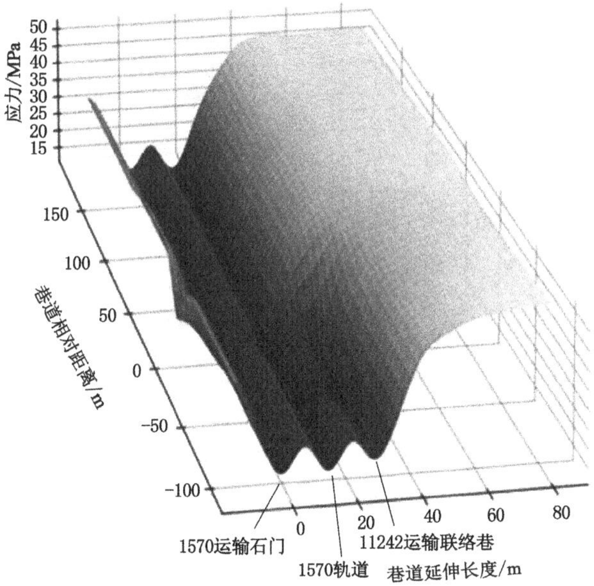

(a) 无支护条件下巷道开挖后应力变化

图 4-55 有无支护条件下 1570 巷道应力分布情况

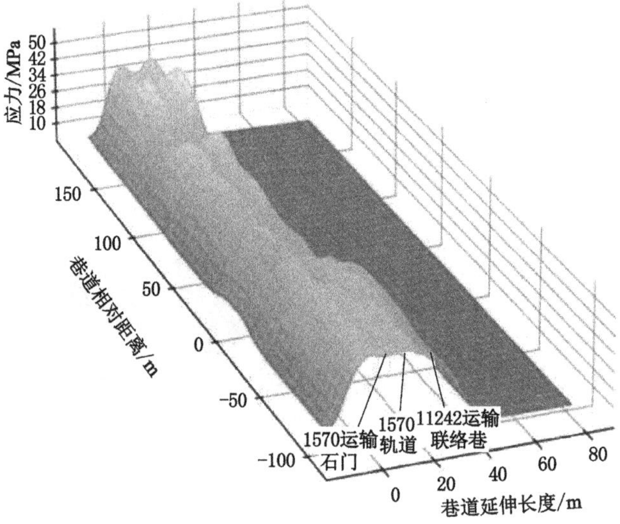

(b) 有支护条件下巷道开挖后应力变化

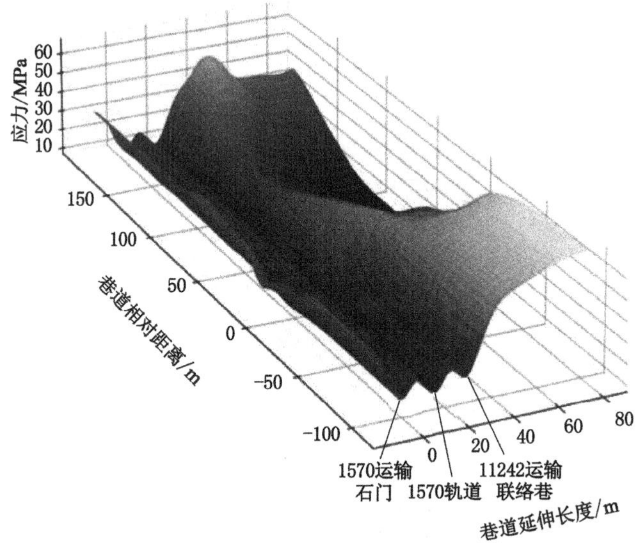

(c) 无支护条件下22#煤开挖后应力变化

图 4-55(续)

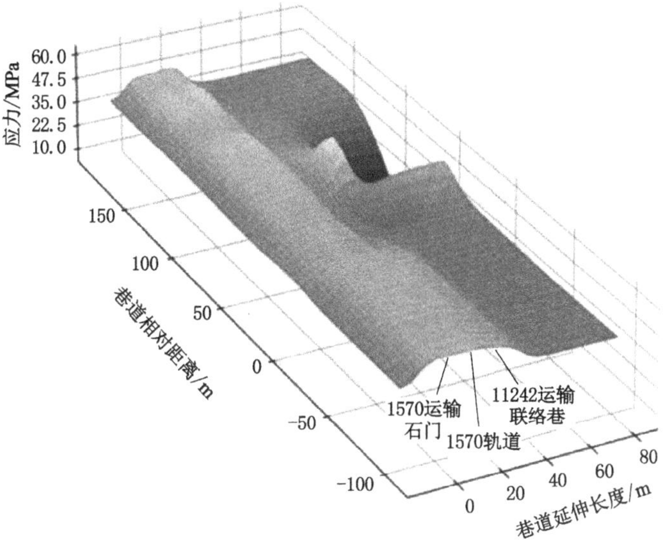

(d) 有支护条件下22#煤开挖后应力变化

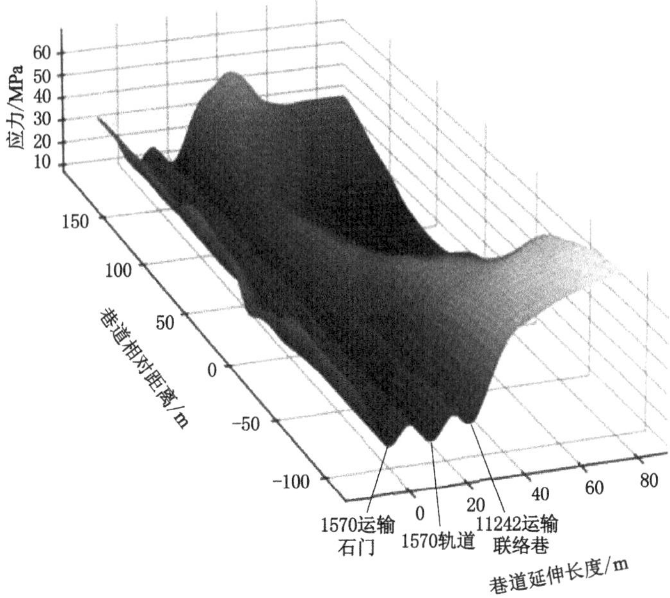

(e) 无支护条件下15#煤开挖后应力变化

图 4-55(续)

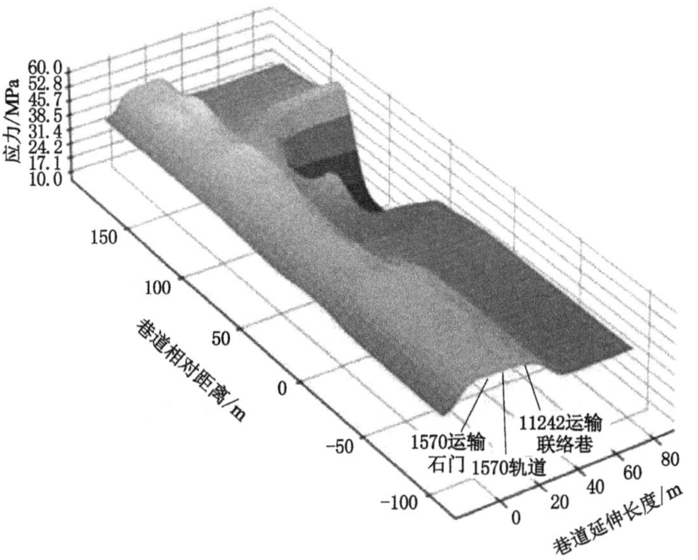

(f) 有支护条件下15#煤开挖后应力变化

图 4-55(续)

图 4-55 为有无支护条件下 1570 运输石门、1570 轨道等顶板应力分布情况,由图可得:无支护条件下巷道顶板应力承载能力较小,且随着距离巷道位置越远,应力逐渐增加;支护条件下巷道顶板围岩承载能力明显增强,主要是由于注浆锚索及约束混凝土支架使巷道浅部围岩强度增加,其承载能力增强。由此可知,针对强动压破碎软岩巷道采用内外承载体环形协同控制支护技术后,巷道围岩变形得到了显著的控制。

5 典型工程案例

5.1 水峪煤业十采区运输巷支护案例

水峪煤业十采区运输巷工业性试验的内容主要包括控制方案、施工工艺和矿压监测效果。

5.1.1 十采区运输巷试验区域控制方案

十采区运输巷生产地质条件、原支护方式以及原支护参数等在第2章已经说明,此处不再赘述。根据十采区运输巷的生产地质条件、围岩变形特征和内外承载体环形协同控制原则,选择十采区运输巷200 m典型区域开展工业性试验,确定运输巷为近"O"形断面布置,宽×高=6.2 m×5.7 m,设计以约束混凝土支架和注浆锚索为核心的围岩内外承载体环形协同控制方案,如图5-1所示。

5.1.1.1 注浆锚索支护方案及具体参数

(1) 注浆锚索规格:1×8股的ϕ21.8 mm×6 000 mm中空注浆锚索。

(2) 注浆锚索间排距:每排5根注浆锚索,按"五〇五"方式布置,沿巷道掘进方向每2 m布置1组,每组5根,每排锚索在正顶布置1根,分别距正顶左右1.6 m、3.2 m处各布置1根,锚索间距为1.6 m,垂直于巷道顶板轮廓线。

(3) 锚固剂:采用1根CK2355型锚固剂和一根K2355型锚固剂。

(4) 预紧力:在注浆锚索施工过程中施加150~200 kN的预紧力。

(5) 注浆压力:3 MPa。

(6) 注浆材料:采用P·O42.5级水泥,锚索注浆液水灰比为1∶2,浆液中添加水泥注浆添加剂,掺量为水泥质量的8%。

(7) 注浆时间:6~8 min。

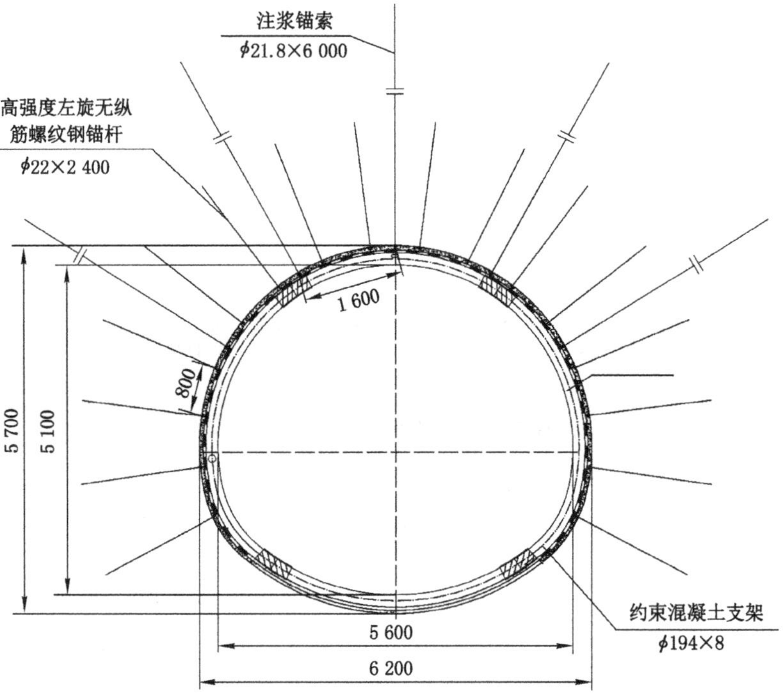

图 5-1　十采区运输巷内外承载体环形协同控制方案(单位:mm)

5.1.1.2　约束混凝土支架支护方案及具体参数

(1) 钢管规格:ϕ194 mm×8 mm 无缝钢管,如图 5-2 所示。

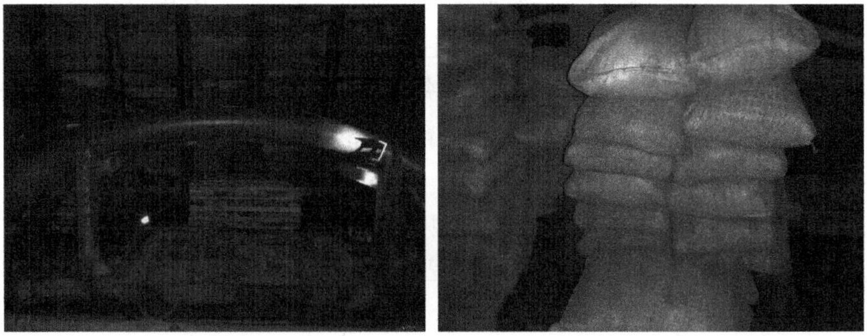

(a) 约束混凝土支架　　(b) 配置的混凝土材料

图 5-2　约束混凝土支架和混凝土配置材料

(2) 连接套管规格：套管长度为 600 mm，套管采用 ϕ219 mm×8 mm 的无缝钢管。

(3) 排距：1 m。

(4) 约束混凝土支架中混凝土质量配比：水泥∶砂子∶石子=1∶1.5∶1.5，减水剂掺量为水泥质量的 0.3%。

(5) 连接杆设置参数：支架间通过连接杆连接，支架圆周方向每隔 2 m 设置一个连接杆。连接杆由 1 根顶杆和 2 个顶杆托盘组成，将顶杆扣在顶杆托盘上；顶杆长 800 mm。

(6) 背板勾顶参数：使用木质背板盘帮勾顶，背板规格为 1 400 mm×180 mm×50 mm。

(7) 底板支护：约束混凝土支架架设完毕后，利用煤矸石对巷道底板进行充填并捣实，充填后的底板要平整、整洁。支架安装完成后，使用混凝土输送泵向空钢管灌注强度等级为 C40 的混凝土。

5.1.1.3 高强锚杆支护方案及具体参数

(1) 锚杆材质和尺寸：ϕ22 mm×2 400 mm 高强度左旋无纵筋螺纹钢锚杆。

(2) 预紧力矩：300 N·m。

(3) 间距：800 mm。

(4) 排距：1 000 mm。

(5) 锚固剂：采用 1 根 CK2355 型锚固剂和 1 根 K2355 型锚固剂。

5.1.1.4 喷浆和钢筋网支护方案及具体参数

(1) 喷浆材料体积配比：水泥∶石子∶砂子=1∶2∶2，速凝剂掺量为水泥质量的 4%。

(2) 喷浆厚度：100 mm。

(3) 钢筋网规格：ϕ6 mm×2 000 mm×1 000 mm，网格大小为 120 mm×120 mm，要求网长边沿巷道轮廓线铺设，铺网间要搭接 50 mm，环环联扣，扣扣紧锁，锁扣不得少于 3 圈，扣距为 120 mm。

5.1.2 施工工艺及主要技术要求

本书提出“全断面喷浆封闭破碎软岩巷道围岩表面裂隙、基于裂隙发育程度的注浆锚索锚注、滞后喷浆与锚注的约束混凝土支架强化加固”的完整施工工艺，十采区运输巷返修过程的施工工艺如图 5-3 所示。

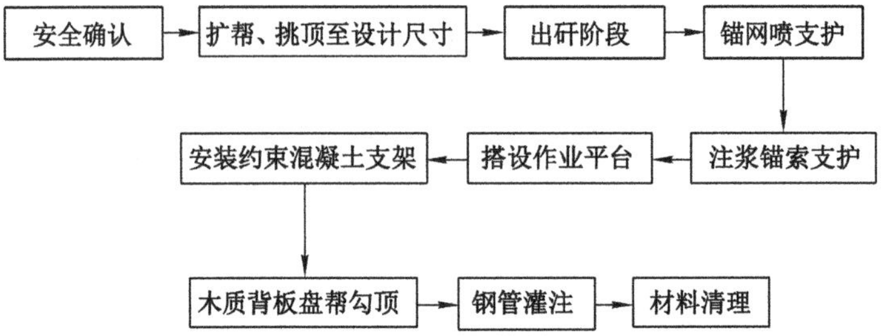

图 5-3　十采区运输巷返修过程的施工工艺图

5.1.2.1　注浆锚索支护

(1) 施工工艺

十采区运输巷注浆锚索施工工序如图 5-4 所示，依次为施工锚索钻孔、注浆锚索锚固、安装止浆塞、安装注浆锚索托盘及锁具和锚索注浆。

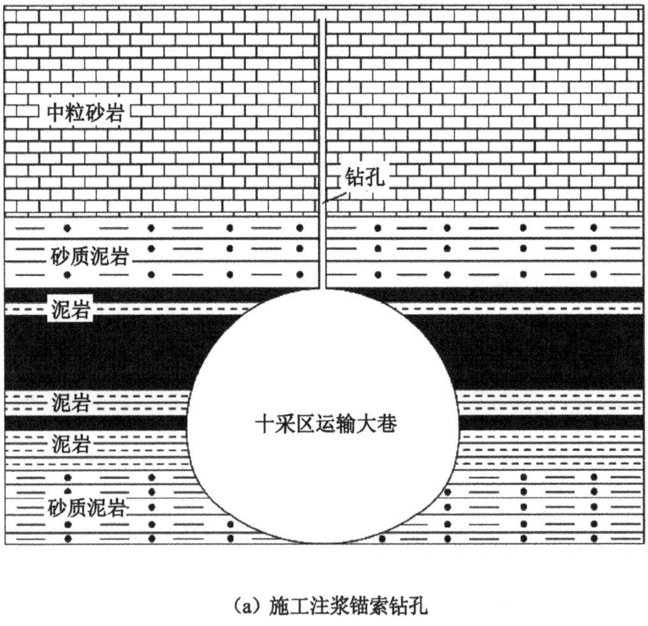

(a) 施工注浆锚索钻孔

图 5-4　十采区运输巷注浆锚索施工顺序示意图

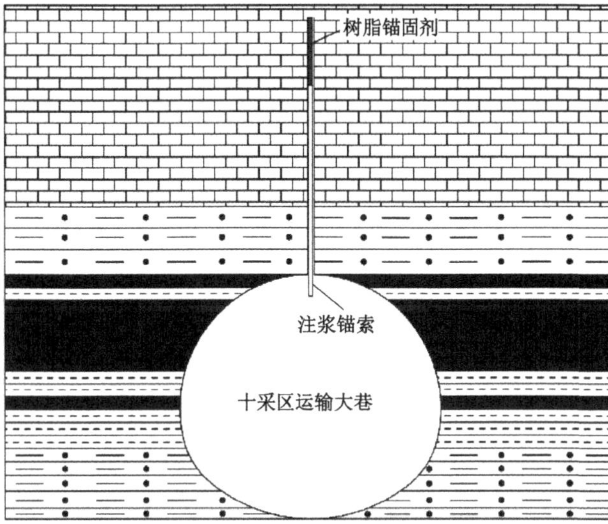

(b) 注浆锚索锚固

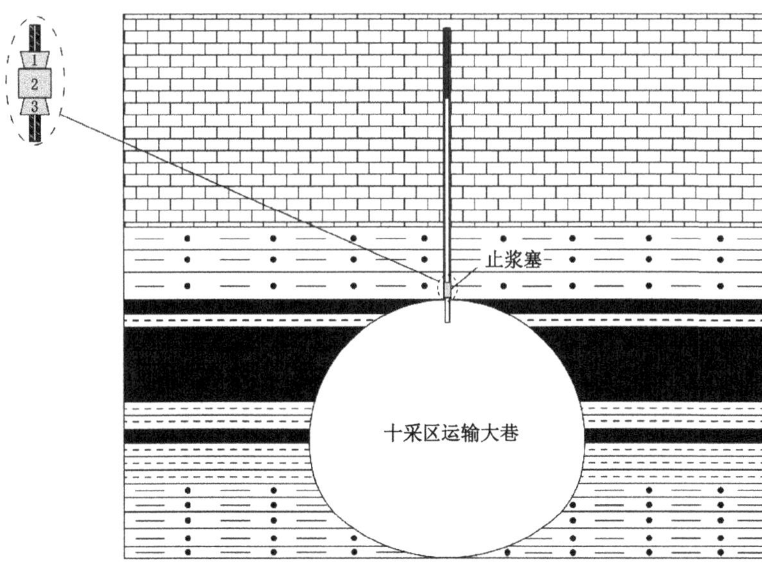

(c) 安装止浆塞

图 5-4(续)

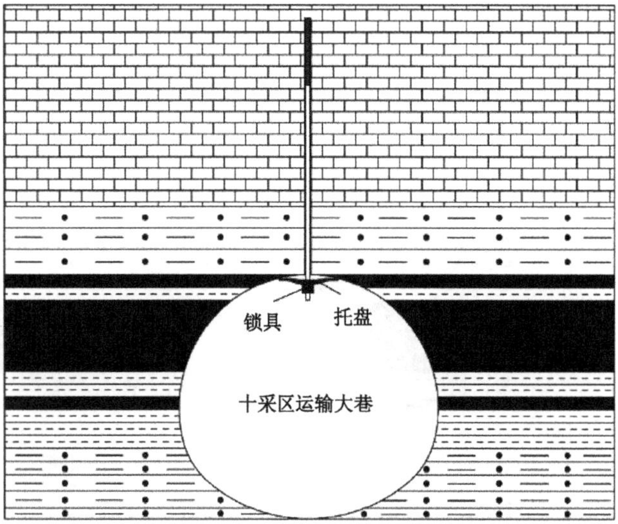

(d) 安装注浆锚索托盘和锁具

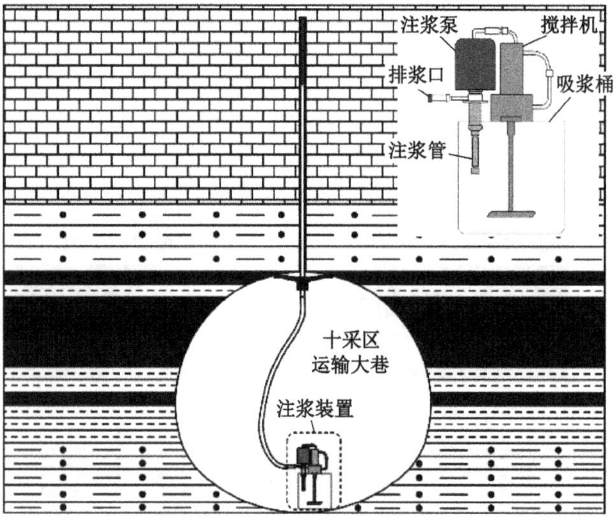

(e) 锚索注浆

图 5-4(续)

① 准备好施工工具和材料。

使用 MQT-120 型风动锚杆机钻眼，钻杆为 B19 六棱中空钎杆，长度为 800 mm，钻头为 ϕ32 mm 的双翼式合金钢钻头。

② 观察顶板，及时挑落施工地点附近的危岩悬矸。

③ 锚眼的位置要准确，眼深度与锚索长度相匹配。眼位误差不超过 ±50 mm。

④ 支护操作工须熟练掌握以下内容：

a. 锚索的施工参数等有关技术规定。

b. 钻眼机具的结构、性能和使用方法。

(2) 安装锚索技术要求

① 准备工作

a. 备齐打眼、安装所用的工具并检查其完好性，有问题及时处理。

b. 备齐安装所需的树脂锚固剂、锚索及托盘。

c. 敲帮问顶，及时挑落安装地点的危岩悬矸。

d. 备齐注浆所用的水泥、添加剂、管路等。

② 锚索眼施工

a. 严格按照设计的锚索间排距布置眼位，准确掌握锚索眼的方向及眼深。

b. 量测眼深、方向，不合格的重新补打。

③ 安装锚索

a. 安装工具为锚杆钻机、张拉千斤顶、专用搅拌器。

b. 检查锚固剂是否合格，锚索两端头截割得是否合格，不合格的均不能使用。

c. 将合格的锚索两端擦拭干净。

d. 先将规定规格及数量的树脂锚固剂缓缓推至眼底，在锚索下端距端头 1 m 范围用 1 个编织袋包裹，装上 1 个锥形橡胶止浆塞(锥头向下)，然后锚索下端连接专用搅拌器后插在锚杆钻机的输出轴上。

e. 搅拌：开始阶段钻机马达转速和气腿的推进速度稍慢一些，以减少锚索的摆幅，必要时应由 1～2 人扶住锚杆钻机的机头。待锚索全部进入眼孔后，采用全速旋转搅拌 15～20 s，凝固时间不小于 15 min。

f. 停止搅拌，收缩锚杆钻机气腿移开打下一个钻孔，依次装上筒形橡胶止浆塞和锥形橡胶止浆塞(锥头向上)与托盘，其中使用钢尺量取孔口至最下方注浆锚索止浆塞箱位置，截取硬止浆管长度(孔口至软止注浆管)，再使用硬止浆管顶推软止浆管，后安装托盘及索具。

g. 待锚索树脂锚固剂凝固后进行张拉工作。装上托盘、索具，并将其托至紧贴顶板的位置，把张拉油缸套在锚索上，使张拉油缸和锚索同轴，张拉油缸初步锁紧锚索后，挂好张拉油缸安全链，人员撤开，张拉油缸下方及四周 3 m 范围内不得有人。

h. 开泵进行张拉，并注意观察压力表读数。达到设计预紧力或油缸行程结束时，迅速换向回程。收缩千斤顶时，要设专人用人力托住千斤顶，待压力放尽后，再慢慢取下千斤顶，防止出现千斤顶坠落伤人和损坏千斤顶的现象。

i. 解开安全链，卸下张拉油缸。

④ 主要技术要求

根据顶板岩性及顶板离层观测情况选择注浆时间。注浆锚索在锚固 30 min 后进行张紧，锚索的张紧力控制在 150～200 kN，外露长度控制在 150～250 mm。锚索钻孔轴线与设计轴线的偏差角不应大于 2°；同侧的锚索间距误差为(L±50)mm；锚索安装 24 h 后，如发现预紧力下降，必须及时补打。锚索搅拌树脂药卷过程中不能停顿，要一次搅拌完毕，绝对不能重复搅拌。张拉时发现锚固不合格的锚索，必须在其附近补打合格的锚索。

(3) 锚索注浆

① 设备安装

a. 注浆设备安装在注浆锚索 10 m 范围以内。

b. 将注浆泵和搅拌器装配起来，用标准“U”形卡连接风、水管路和注浆器，油壶内加满油。

② 配料

注浆液采用 P·O42.5 级水泥，锚索注浆液水灰比为 1∶2，浆液中添加添加剂，掺量为水泥质量的 8%。

③ 注浆

a. 注浆前，首先用水和钢丝刷将注浆泵、搅拌桶、连接管路冲刷干净，并向搅拌桶内加入少量水，慢慢开风，对搅拌器和注浆泵进行试运转。

b. 配料时先加入清水，然后边搅拌边缓慢加入水泥，水泥不易加入过快以防卡住搅拌器。水泥浆搅拌到一定的黏稠程度，加入添加剂快速搅拌，当浆液变稀薄时搅拌器减速进行缓慢搅拌，开始注浆。若水泥内有硬颗粒时，必须提前使用细筛子筛过后加入搅拌桶，确保注浆时不堵塞注浆管路。

c. 注浆时，先卸下锚索尾部的丝堵，将注浆器连接到锚索尾部的内螺纹上，慢慢扭紧注浆器，然后用注浆管路将注浆器与注浆泵进行连接。

d. 注浆器及注浆管路完好、连接可靠后方可开始注浆，浆液通过锚索中孔注入顶板；注浆时要缓慢打开注浆泵的供风阀进行注浆，开始时注浆速度宜慢，并边慢速搅拌边注浆。注浆过程中，注浆泵正常匀速工作时，可将其调到高速运转状态注浆。当发现注浆泵发出沉闷声音、压力表读数明显加大且注浆泵显示注不进浆液时，先关闭注浆泵，等待 2～3 min 再次注浆，直至注满。1 根注浆锚索注浆完成后，先关闭注浆泵，再关闭中孔锚注锚索尾部的截止阀，然后打开管路卸压阀对管路进行卸压。重复以上操作程序继续对下一根注浆锚索进行注浆。注浆过程中，当发现局部顶帮漏浆时，及时停止注浆，采用水泥进行封堵。注浆压力控制在 3 MPa 左右。

e. 注浆后待浆液初凝，方可开启注浆泵上的截止球阀，然后卸下锚索尾部的注浆器，将锚索尾部的丝堵拧紧上牢。

f. 注浆期间，施工人员密切配合，安排专人观察顶板变化情况及注浆全过程，发现问题及时处理。

g. 注浆设备试运转及搅拌器、注浆泵运行期间，施工人员严禁将手和身体任何部位探入拌料桶内，防止造成伤人事故。

h. 注浆时，锚索下方和两侧 45°范围内严禁站人，以免发生意外。

④ 清洗设备

a. 注浆结束后，用清水和钢丝刷将搅拌桶内冲刷干净。

b. 向桶内加入清水，开动注浆泵，将泵内残留浆液冲洗干净。

c. 关闭风源，以免误操作使设备空载运行。

d. 本班注浆工作结束后，应将注浆泵、注浆管卸下，冲洗干净并抹上油，再重新装好或用管头专用塑料盖包裹好，防止管路堵塞。

5.1.2.2 约束混凝土支架支护

(1) 安装约束混凝土支架

① 确定支架整体安装距离

待巷道全部喷浆完毕后，在滞后工作面迎头 20 m 处开始架设约束混凝土支架。

② 确定单排支架安装位置

以巷道中心线和巷道整体坡度为基准，确定支架安装位置并检查巷道断面，清理巷道两帮、底部浮煤。

③ 支架段安装顺序

约束混凝土支架分为4段（底拱段、左右侧帮段、顶拱段），按照由下向上的顺序进行安装，先安装底拱段支架，再安装左右侧帮段支架，最后安装顶拱段支架。在每处钢管接口处安设接口套管，并安装好顶杆。将预先装在支架顶拱段的接口套管向下准确移动到接口挡板处。在安装左右侧帮段支架前，搭设作业平台，作业平台上密铺木板，作业平台必须架设牢固、可靠。

（2）灌注混凝土

① 安装准备

混凝土输送泵平放在运输巷，通过高压胶管与支架注浆短管连接。

首先一组人员连接好电缆、布置好水管，输送泵空载15～20 min；然后另一组人员去料场掺和混凝土干料，每次1矿车。

② 配制混凝土

拌制混凝土，严格按强度等级为C40的标准配比添加水泥、砂子、石子及外加剂。混凝土搅拌均匀，坍落度大于160 mm，符合泵送混凝土要求。

③ 管路连接

连接注浆管路，操作顺序为输送泵→输送管→高压胶管→闸阀→支架注浆口，操作完成后闸阀开通。

④ 泵送混凝土

第一次使用输送泵时应先泵送一罐水泥砂浆以润滑管路，然后正常泵送注浆。给支架灌注混凝土前先往钢管内放入少量水，灌注过程中，特别留意混凝土注入速度，发现料斗下料速度变慢应及时反泵数下，防止堵塞管路。每次注浆提前连接好5架支架的输送管路，以方便管路连接，节约时间，防止输送管内混凝土凝固。

每架支架灌注结束前，需顶部排浆孔流出设定量的混凝土作为结束标识点。

每架支架灌注结束后，先停止泵送，然后关闭闸阀，拆卸管路，封堵排浆孔。连接下一架支架，继续灌注，直到1组支架全部灌注完毕。

⑤ 完成灌注

支架灌注完毕后先停泵，卸掉搅拌箱多余混凝土，正反泵水洗管路、输送泵管道，拆卸管路，停泵，停止供水，最后断电。

十采区运输巷约束混凝土支架现场施工主要过程示意如图 5-5 所示。

(a) 安装约束混凝土支架

(b) 木板勾帮顶

(c) 连接杆和灌注

(d) 施工完成

图 5-5　十采区运输巷约束混凝土支架现场施工主要过程示意图

5.1.3　现场矿压观测和效果评价

矿压监测结果是检验巷道围岩控制效果的关键内容。通过矿压观测可较全面地了解支护系统的工作状态，进而验证或修改内外承载体环形协同控制方案参数；也可以及时掌握顶板状态，针对观测结果及时提出预防可能发生事故的措施，保障运输巷的安全稳定。

5.1.3.1　*矿压观测内容与测站安设*

为了验证内外承载体环形协同控制方案实施效果，需设置相应的测站，对围岩表面位移进行观测，如图 5-6 所示。观测内容、目的及手段如表 5-1 所列。

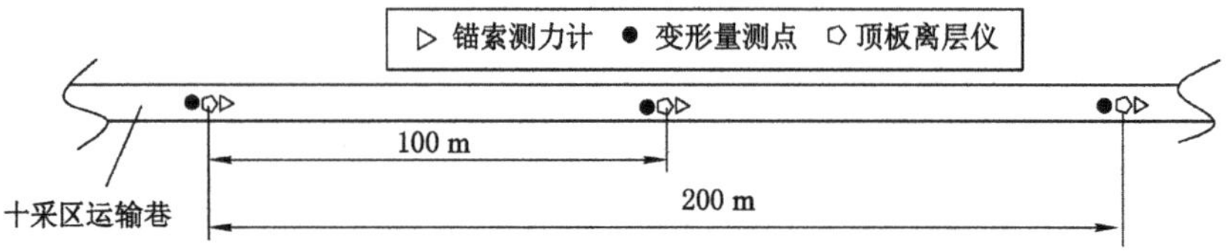

图 5-6　十采区运输巷围岩内外承载体环形协同控制试验区域矿压监测布置图

表 5-1　观测内容、目的及手段

序号	观测内容	观测目的	观测手段
1	巷道表面位移	观测巷道相对变形量，判定巷道稳定性	测杆、卷尺
2	顶板离层	观测顶板稳定状况，及时采取安全措施	离层指示仪
3	注浆锚索荷载	观测注浆锚索支护状况，评判支护效果	锚索测力计

(1) 巷道围岩表面位移

试验区域巷道围岩表面位移共安设 3 个测站，各测站均采用十字布点法安设表面位移监测断面。

(2) 顶板离层

试验区域共计安设 3 个顶板离层指示仪，浅部基点主要监测锚杆整体锚固范围内的离层，结合锚杆长度、岩层岩性和厚度等因素综合确定浅基点 h_1 为 2.5 m；深基点主要监测锚杆锚固范围外顶板离层情况，此处主要研究注浆锚索锚固点附近顶板离层变化特征，综合确定深基点 h_2 为 6.5 m，如图 5-7 所示。

离层指示仪的安装方法和步骤如下：

① 在顶板上打钻孔，一般用风动锚杆钻机打孔。

② 用安装杆将 A、B 两个基点的锚爪推到所需的深度。

③ 将传感器的固定管推入钻孔，分别拉紧两个基点的钢丝绳并将紧固螺钉固定。

④ 接通电源后，传感器处于锁定状态，对传感器设置前首先要用编程测试仪将传感器解锁。

⑤ 传感器解锁后，用编程测试仪将传感器进行编号、校零和设定报警值的操作，操作完成后应对传感器加锁。

⑥ 当启动传感器显示数据时，首先显示的是传感器编号(显示时间很短)，之后显示的是基点的位移量，当左指示灯亮时显示的数据是左面基点

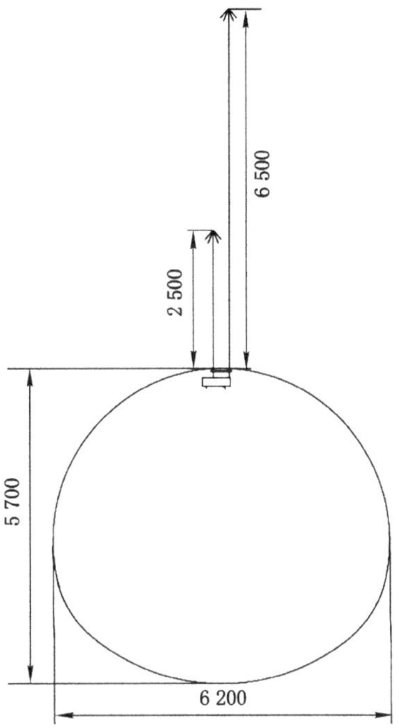

图 5-7 顶板离层仪深、浅基点的布置位置(单位:mm)

的位移量,右面指示灯亮时显示的数据是右面基点的位移量。

离层指示仪的安装注意事项如下:

① 钢绳应事先盘好,推入锚固器时逐圈展开,以防纠缠打结。

② 推入锚固器时,安装杆不能回拉,否则锚固器双爪会从安装杆上端的槽中脱出。

③ 浅基点锚固器一定要准确定位,为此可提前在安装杆上做好标记。

④ 安装后,两个刻度坠均应处于自由悬垂状态,不得有任何卡阻现象。

(3) 注浆锚索荷载

试验区域总计安设 3 组注浆锚索荷载监测站,对巷道顶板注浆锚索的荷载进行监测,如图 5-8 所示。

5.1.3.2 *矿压观测方法*

矿压观测包括三部分内容,即巷道围岩表面位移监测、顶板离层监测和锚索荷载监测。

(1) 巷道围岩表面位移监测

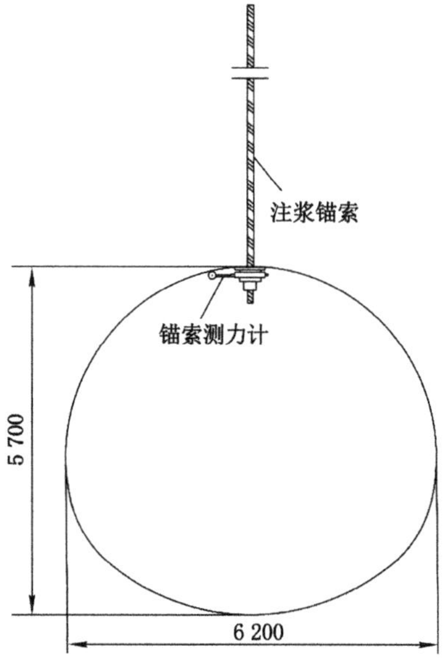

图 5-8 巷道顶板每组锚索测力计的布置位置(单位:mm)

观测方法:如图 5-9 所示,在 C、D 之间拉紧测绳,A、B 之间用测杆和测枪或拉紧钢卷尺,测读 AO、AB 值;在 A、B 之间拉紧测绳,C、D 之间拉紧钢卷尺或用测杆和测枪,测读 CO、CD 值。测量精度要求达到 1 mm,并估计出 0.5 mm,变形量测点标准木桩如图 5-10 所示。

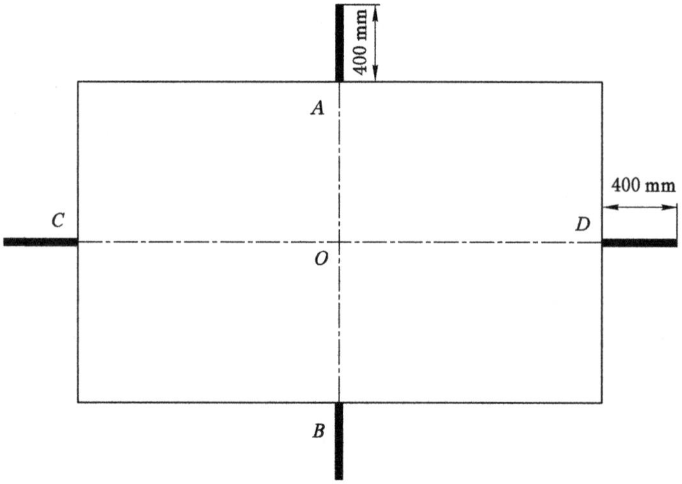

图 5-9 巷道表面位移监测示意图

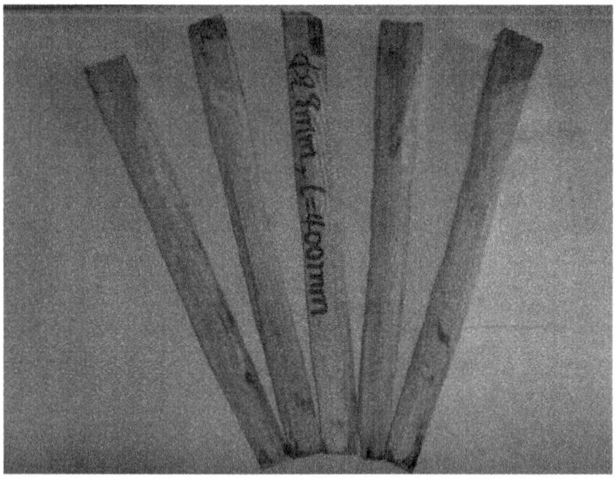

图 5-10 变形量测点标准木桩

距监测点 150～300 m 之内，每 1～3 d 观测 1 次；距监测点 150 m 以外，每 3～5 d 观测 1 次。

（2）顶板离层监测

观测方法：用矿灯照射显示窗口时，自动显示深、浅两个基点的位移量，并进行记录；距监测点 150～300 m 之内，1～3 d 观测 1 次；距监测点 150 m 以外，每 3～5 d 观测 1 次。

（3）锚索荷载监测

观测方法：直接读取数值，并进行记录；距监测点 150～300 m 之内，每 1～3 d 观测 1 次；距监测点 150 m 以外，每 3～5 d 观测 1 次。

5.1.3.3 观测结果及分析

十采区运输巷返修过程中，巷道围岩变形特点如图 5-11 所示，由图可以得出：

（1）巷道围岩变化过程主要分为 3 个阶段：快速增加阶段、小幅增加阶段和稳定阶段。其中，返修后 20 d 左右，运输巷围岩变形为快速增加阶段；20～35 d 为小幅增加阶段；35 d 以后为稳定阶段。

（2）从巷道围岩变形角度看，运输巷返修后 2 个月顶板最大下沉量为 41 mm，两帮移近量不超过 72 mm，巷道围岩整体变形量较小，说明内外承载体环形协同控制技术对十采区运输巷围岩作用效果较明显。

（3）目前工业性试验已超过 3 a，如图 5-12 所示，顶帮底均无明显变形，对深部高应力巷道的变形控制起到了显著成效。

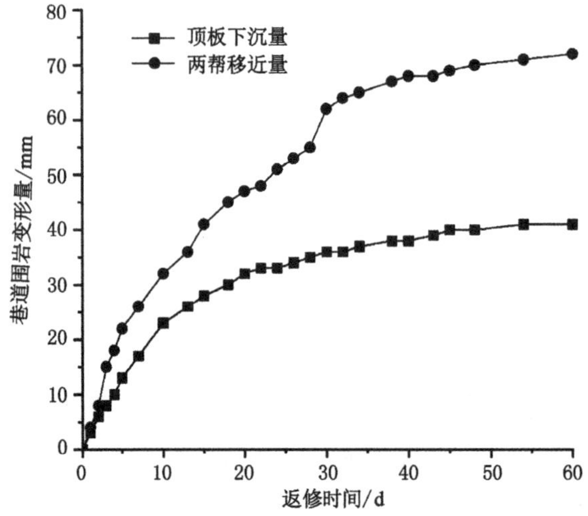

图 5-11　十采区运输巷围岩变形特征

图 5-12　十采区运输巷现场控制效果

5.2　打牛厂煤业 1570 轨道石门支护案例

打牛厂煤业 1570 轨道石门穿多层煤层，综合采用内外承载体环形协同控制方案，通过主动支护调动巷道深部围岩整体承载特性，同时对围岩起到临时支护作用，防止巷道破碎围岩片帮、剥落。通过封闭式高强约束混凝土支架提高整体承载性能，减小围岩变形，抑制底鼓，采用主被动联合支护方式，不仅提高了巷道围岩自身的承载能力，同时提高了支护结构刚度和护表能力。

5.2.1 1570 轨道石门试验区域控制方案

5.2.1.1 约束混凝土支架参数设计

约束混凝土支架钢管选用 ϕ194 mm×10 mm 无缝钢管，核心混凝土采用 P·O52.5 级水泥，粗骨料选用最大粒径为 15 mm 的碎石，细骨料选用河砂，掺入 2%的膨胀剂。约束混凝土支架结构如图 5-13 所示，钢管混凝土支架排距为 1 000 mm。

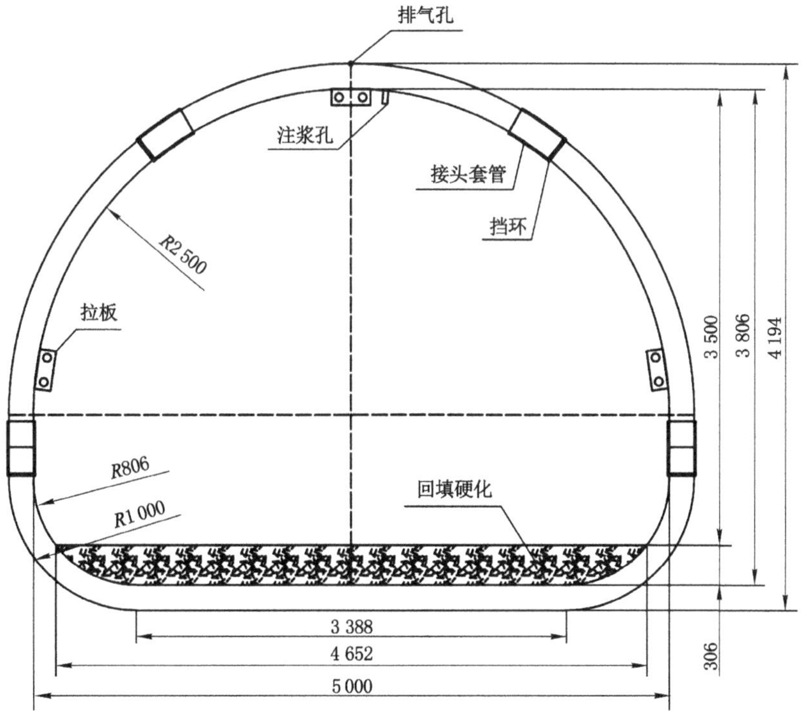

图 5-13 约束混凝土支架平面图(单位:mm)

5.2.1.2 注浆方案设计

根据现场勘查，结合 1570 轨道石门变形破坏情况，巷道主要变形破坏表现为：底鼓、巷道两帮向中心收敛，巷道围岩较破碎。巷道围岩以泥岩为主，受采动应力的影响，低强度的围岩在动压的作用下发生破坏变形，为保证加固的效果及经济可行性，采取对巷道顶板及两帮进行注浆加固的方式。注浆时机为巷道表面喷浆之后，注浆后再进行约束混凝土支架支护。

(1) 注浆加固方案

高压中空注浆锚索(图 5-14)注浆就是采用高压注浆加固，一方面可扩大注浆加固范围，另一方面可以提高浆液的渗透能力，改善注浆加固效果，而不会导致喷层的变形破坏，从而显著提高注浆加固体的承载性能。1570 轨道石门整体支护如图 5-15 所示，1570 轨道石门交岔口约束混凝土支架如图 5-16 所示。

图 5-14　高压中空注浆锚索实物图

(2) 注浆工艺

① 钻孔：根据锚索索体直径及长度，选用 ϕ36 mm 钻头钻孔。

② 锚固：安装 ϕ28 mm 锚固剂，按次序先装入推力管(白色硬管)、后装入封孔管(黑色软管)，搅拌锚固剂。

③ 张拉：安装锚索托盘、球垫、锁具等，对锚索进行张拉，在张拉过程中，封孔管被压缩后膨胀，实现自动封孔。

④ 注浆：安装锚索专用注浆接头，开始注浆。

(3) 注浆材料

锚索注浆采用矿用无机加固材料，该材料是一种粉状无机加固材料，水

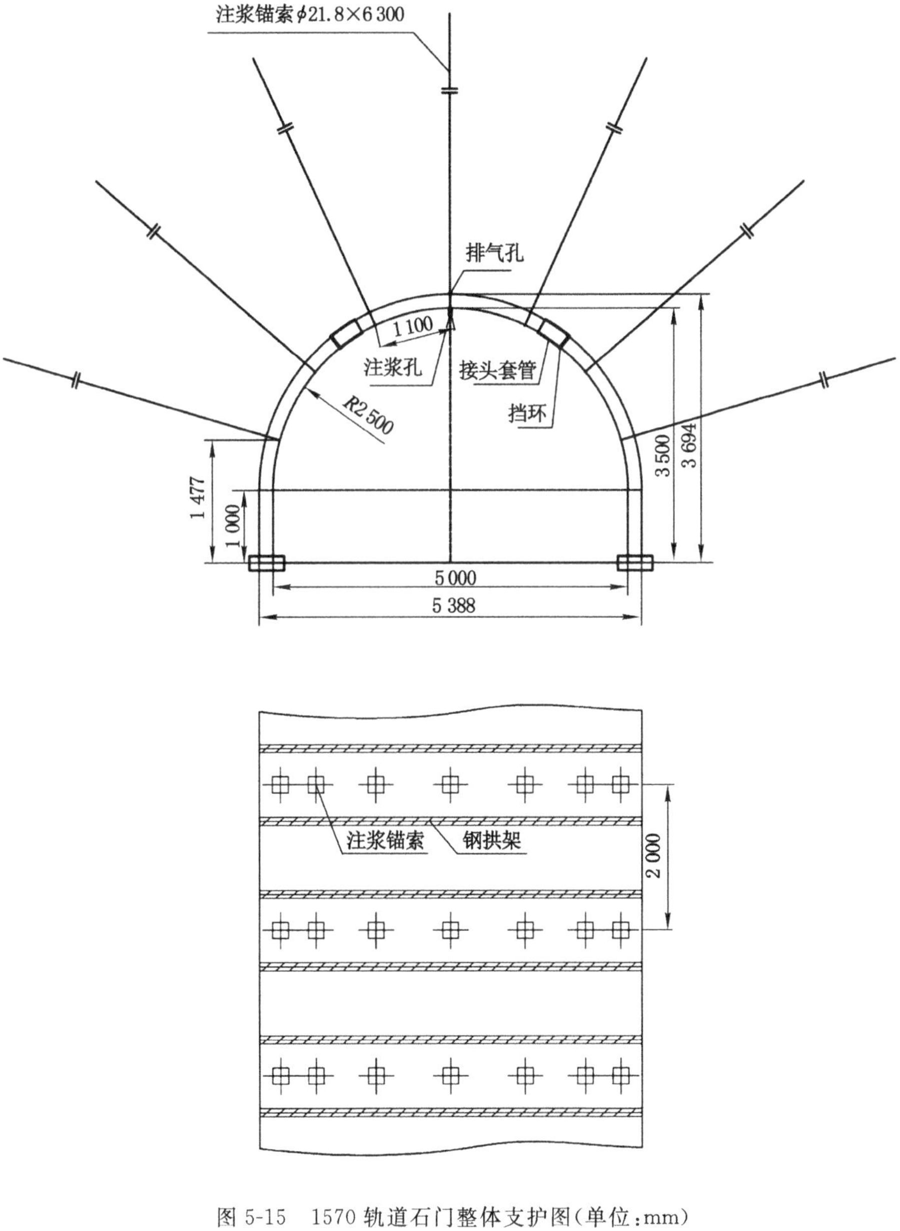

图 5-15　1570 轨道石门整体支护图(单位:mm)

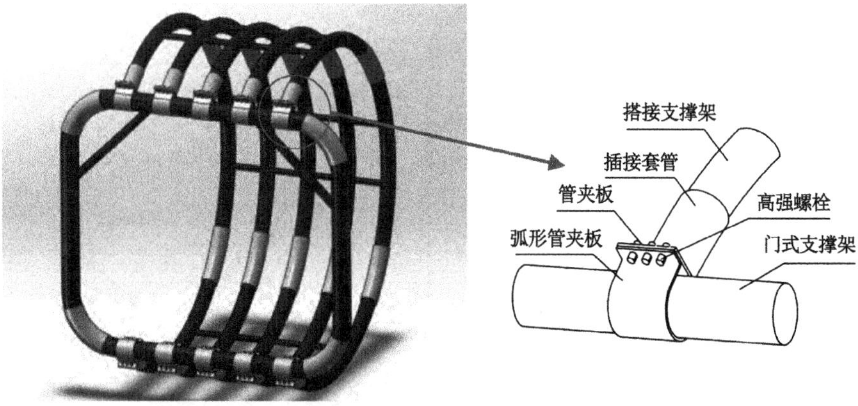

图 5-16　1570 轨道石门交岔口约束混凝土支架图

灰比为 0.5∶1，与水混合搅拌后，会形成一种具有收缩补偿性的、高流动性的灌浆材料。该注浆材料具有以下优点。

① 早强、高强特性

矿用无机加固材料早期、终期强度高。1 d 强度可达 20 MPa 以上，28 d 强度可达 50 MPa 以上。

② 流动特性

矿用无机加固材料具有高扩散性、自密实性，靠泵注压力便可填充全部裂隙。

③ 收缩补偿性

矿用无机加固材料实现无机材料的收缩补偿，在整个裂隙充填及锚固体系中起到主动结合作用。

④ 绿色环保

矿用无机固材料无毒、不含腐蚀性物质。

(4) 注浆设备

① 液压注浆泵

注浆采用 ZBYS5.18-20 型矿用液压注浆泵(见图 5-17)，该泵注浆压力范围为 0～12 MPa，能满足注浆压力要求，且在易燃、易爆环境中均可安全使用。

② 矿用浆液搅拌桶

注浆采用体积为 500 L 的搅拌桶，与 ZBYS5.18-20 型矿用液压注浆泵配套使用。

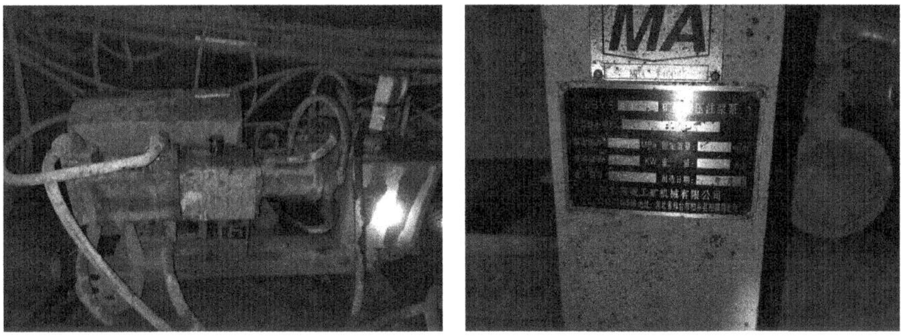

图 5-17　矿用液压注浆泵

5.2.1.3　巷道表面超高性能混凝土(UHPC)材料喷射方案设计

巷道表面 UHPC 材料喷射方案中所用主要原材料为自主研发的 UHPC 专用料(B 型),该材料 28 d 抗压强度可达 160 MPa。所制备的 UHPC 材料满足《超高性能混凝土(UHPC)技术要求》(T/CECS 10107—2020)的规定。

喷射方案具体如下:

(1) 喷浆前应对巷道断面尺寸进行检查,清除松动危石,欠挖超标严重的应予以处理。

(2) 根据实际情况,用高压风吹洗巷道受喷面。按照喷射位置,布置好钢筋网架龙骨结构。

(3) 巷道受喷岩面有集中渗水时,做好排水引流处理;无集中渗水时,应根据岩面潮湿程度适当调整水灰比。

(4) 埋设喷层厚度检查标志,一般是在石缝处钉铁钉,或用快硬水泥安设钢筋头,并记录其外露长度。

(5) 检查 UHPC 专用料、纤维、外加剂等材料准备情况,调试好空气压缩机等机械设备的工作状态。

(6) 喷射作业施工准备做好后,严格掌握规定的速凝剂掺量并添加均匀,喷射时应严格控制水灰比,使喷层表面平整、光滑,无干斑或滑移流淌现象。

(7) 为保证 UHPC 专用料充分水化,使喷射混凝土的强度均匀增长,减少混凝土的收缩开裂,确保 UHPC 喷射质量,喷射后需要进行良好的养护，应在终凝 1～2 h 后控制井下通风速率，养护时间不小于 3 d；在喷射 UHPC(见图 5-18)终凝后，持续间隔 6 h 后进行喷水养护，并观测表面情况。

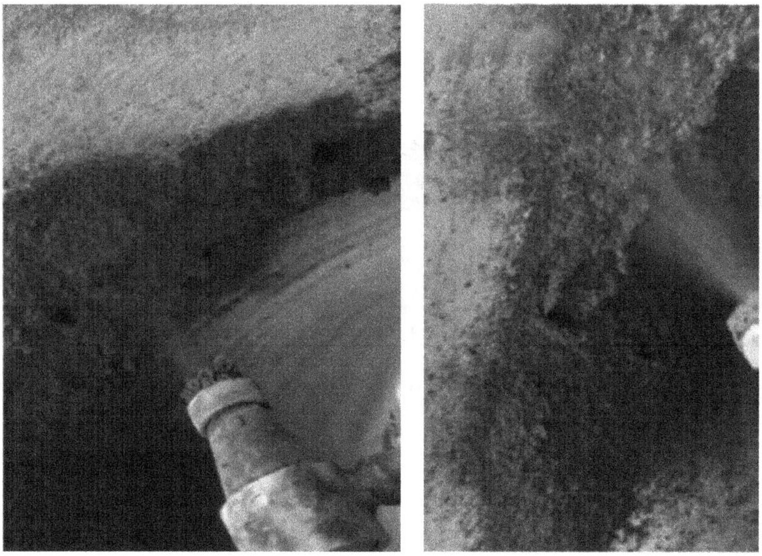

图 5-18　喷射 UHPC 材料

5.2.2　施工工艺及主要技术要求

施工工程量：1570 轨道石门施工范围共计约 200 m。

如图 5-19 所示，1570 轨道石门施工工艺系统为：巷道扩刷→运输材料→设备调试→喷浆材料搅拌→材料喷涂→钢管架安装→UHPC 搅拌→约束钢管支护→围岩注浆→安设锚索→高预应力锚索支护。

具体施工工艺如下。

(1) 制浆施工工序

检查泵站仪表、油箱注油情况→充填泵站试水试压、设备和设施检修→搅拌桶加水到规定高度→加料到规定量→开机搅拌(正常循环时边加料边搅拌)→开泵送料→检查出浆压力→排查漏浆并处理→排气孔出浆→注浆结束→清洗搅拌桶及液压泵→进入下一循环。

(2) 巷道扩刷并架设约束混凝土支架施工工序

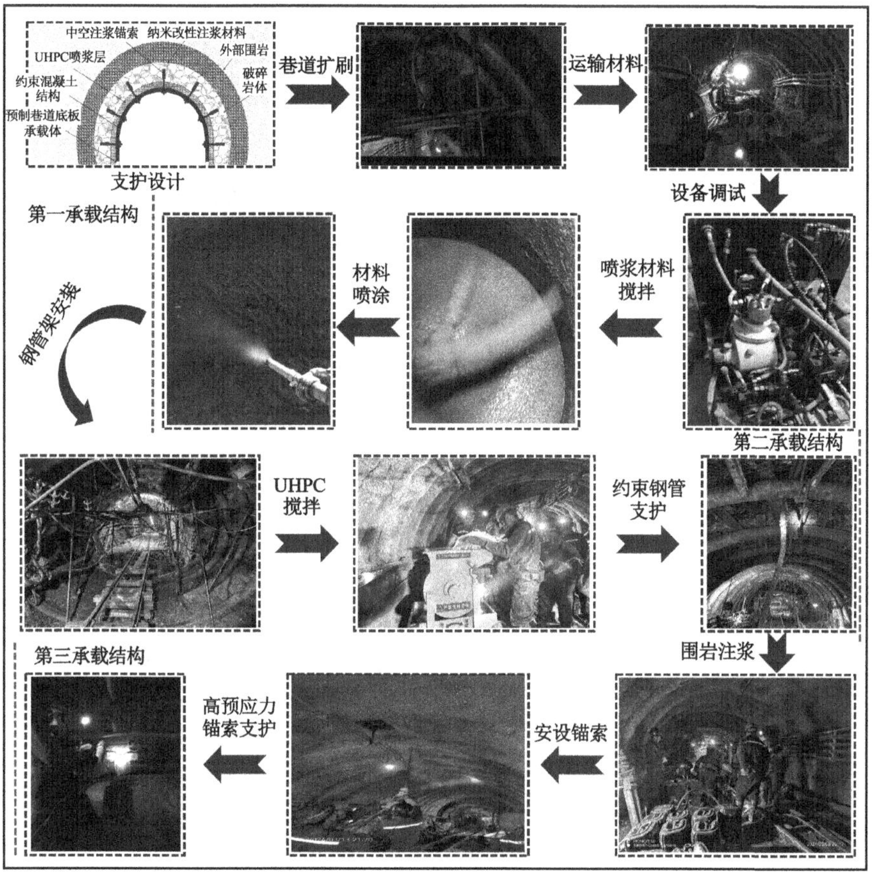

图 5-19 打牛厂煤矿 1570 轨道石门施工工艺系统图

如图 5-20 所示，施工工序为：确定巷道中线、腰线→扩刷到要求施工的断面→锚网索支护→架钢管架→进入下一循环。

(3) 注浆锚索施工工序

如图 5-21 所示，施工工序为：按照方案确定现场注浆锚索位置→标点→打孔→安装锚固剂→上锚索→锚索封孔→上锁具→喷浆→注浆→停泵→进入下一循环。

(4) 注浆期间施工工序

施工工序为：注浆至完成（加水、加料、泵料、巡视检查泵站情况、巡视检查充填点情况）→收尾（清洗充填泵、搅拌桶、管路等）。

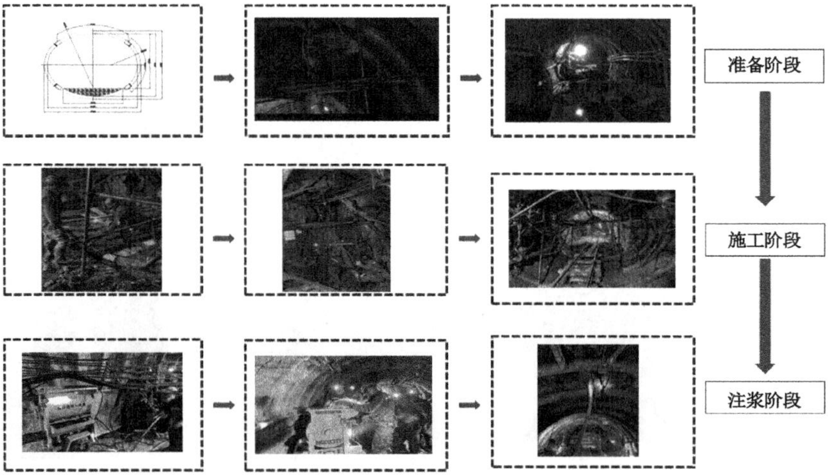

图 5-20　打牛厂煤矿 1570 轨道石门扩刷并架设约束混凝土支架施工工序

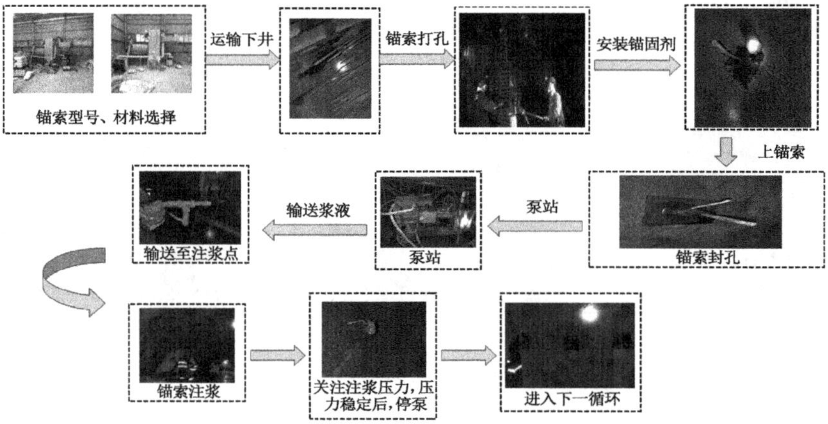

图 5-21　打牛厂煤矿 1570 轨道石门注浆锚索施工工序

5.2.3　现场矿压观测和效果评价

1570 轨道石门设计巷修长度为 200 m，现阶段已修复完成 100 m，为验证巷道在采取措施后的应用效果，对完成修复的巷道表面进行变形量监测（取现场已修复完成的巷道中间位置），监测结果如图 5-22 所示。

由图 5-22 可得，巷道修复完成后，其顶底板及两帮收敛量大幅度降低，分别控制在 150 mm 及 140 mm（降低幅度分别为 91.67％及 88.33％）。其中,0～70 d内巷道顶底板及两帮收敛量变化较大,70 d后处于稳定阶段。数值模拟结果与现场工业性试验最大变形量值较为接近,变化趋势两者均吻合,表明数值模拟试验结果合理、有效。巷道围岩治理前后变形情况如图5-23所示。

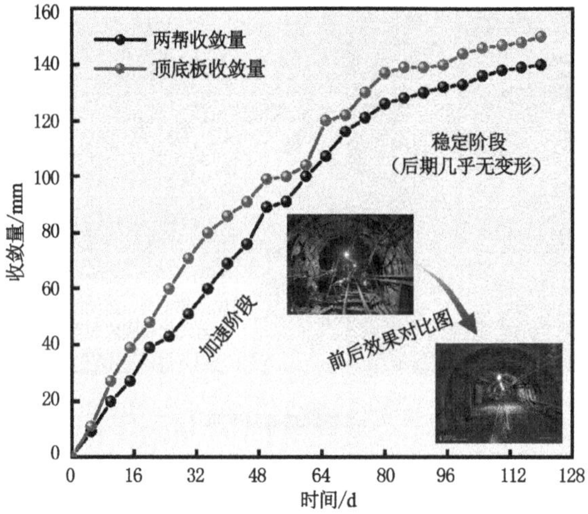

图5-22 围岩变形曲线

(a) 治理前巷道变形

图5-23 巷道围岩治理前后现状

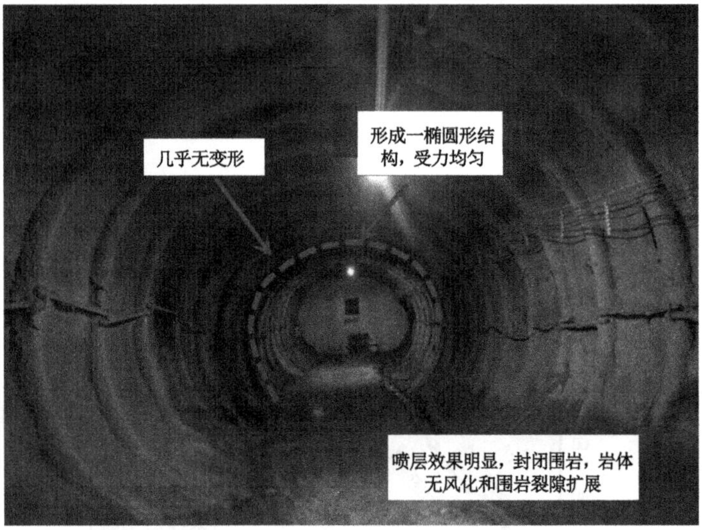

(b) 治理后巷道变形

图 5-23(续)

巷道在修复完成后,仍需经历较长时间的地应力影响,直到巷道所需承受的应力与结构所提供的支撑应力达到平衡时,巷道的变形才会趋于稳定。由监测数据可以看出,巷道变形量大幅度降低,完全可以保证现场安全高效生产。由此可知,采取内外承载体环形协同控制技术对治理强动压破碎软岩巷道变形具有显著作用。

参考文献

[1] 柏建彪，王襄禹，闫帅，等. 基于应力场干预的巷道围岩控制技术[J]. 矿业工程研究，2019，34(2)：1-7.
[2] 査文华，梁译文，许涛，等. 采动下深部高应力巷道围岩变形特征分析及支护技术研究[J]. 煤炭工程，2023，55(12)：64-70.
[3] 常聚才，谢广祥. 深部巷道围岩力学特征及其稳定性控制[J]. 煤炭学报，2009，34(7)：881-886.
[4] 单仁亮，彭杨皓，孔祥松，等. 国内外煤巷支护技术研究进展[J]. 岩石力学与工程学报，2019，38(12)：2377-2403.
[5] 单仁亮，张晓楠，张磊，等. 钢管混凝土圆弧拱跨中与拱脚滑移性能的研究[J]. 煤炭学报，2018，43(9)：2461-2468.
[6] 范子儀，李永亮，孙昊，等. 采动影响下弱胶结软岩巷道非对称变形特征与控制对策[J]. 采矿与岩层控制工程学报，2022，4(2)：44-53.
[7] 冯云贵，严红，李生亚，等. 深部高应力巷道注锚喷支联合控制技术研究[J]. 煤炭工程，2023，55(6)：50-53.
[8] 高富强. 数值模拟在地下煤矿开采岩石力学问题中的应用[J]. 采矿与岩层控制工程学报，2019，1(2)：21-28.
[9] 高延法，何晓升，陈冰慧，等. 特厚富水软岩巷道钢管混凝土支架支护技术研究[J]. 煤炭科学技术，2016，44(1)：84-89.
[10] 高延法，刘珂铭，何晓升，等. 钢管混凝土支架在千米深井动压巷道中的应用[J]. 煤炭科学技术，2015，43(8)：7-12.
[11] 高延法，刘珂铭，何晓升，等. 钢管混凝土支架在千米深井中央泵房中的应用[J]. 煤矿安全，2015，46(5)：164-166，171.
[12] 高延法，谢浩，刘珂铭，等. 钢管混凝土支架在深井巷道中的支护实验研究[J]. 煤矿开采，2015(3)：50-53.
[13] 何满潮，武毅艺，高玉兵，等. 深部采矿岩石力学进展[J]. 煤炭学报，

2024,49(1):75-99.
[14] 何满潮,谢和平,彭苏萍,等.深部开采岩体力学研究[J].岩石力学与工程学报,2005,24(16):2803-2813.
[15] 侯朝炯.深部巷道围岩控制的关键技术研究[J].中国矿业大学学报,2017,46(5):970-978.
[16] 侯朝炯,王襄禹,柏建彪,等.深部巷道围岩稳定性控制的基本理论与技术研究[J].中国矿业大学学报,2021,50(1):1-12.
[17] 黄万朋,李超,邢文彬,等.蠕变状态下千米深巷道长期非对称大变形机制与控制技术[J].采矿与安全工程学报,2018,35(3):481-488,495.
[18] 姜耀东,王宏伟,赵毅鑫,等.极软岩回采巷道互补控制支护技术研究[J].岩石力学与工程学报,2009,28(12):2383-2390.
[19] 靖洪文,孟庆彬,朱俊福,等.深部巷道围岩松动圈稳定控制理论与技术进展[J].采矿与安全工程学报,2020,37(3):429-442.
[20] 康红普,高富强.煤矿采动应力演化与围岩控制[J].岩石力学与工程学报,2024,43(1):1-40.
[21] 康红普,姜鹏飞,杨建威,等.煤矿千米深井巷道松软煤体高压锚注-喷浆协同控制技术[J].煤炭学报,2021,46(3):747-762.
[22] 康红普,王国法,姜鹏飞,等.煤矿千米深井围岩控制及智能开采技术构想[J].煤炭学报,2018,43(7):1789-1800.
[23] 康红普,王金华,林健.高预应力强力支护系统及其在深部巷道中的应用[J].煤炭学报,2007,32(12):1233-1238.
[24] 康红普.我国煤矿巷道围岩控制技术发展 70 年及展望[J].岩石力学与工程学报,2021,40(1):1-30.
[25] 康红普,徐刚,王彪谋,等.我国煤炭开采与岩层控制技术发展 40a 及展望[J].采矿与岩层控制工程学报,2019,1(2):7-39.
[26] 康红普,伊康.深部软岩巷道围岩扩容与流变特性模拟研究及应用[J].煤炭学报,2023,48(1):15-33.
[27] 康永水,刘泉声,刘滨,等.深部岩巷精准介入围岩结构的分步联合支护技术探索[J].岩石力学与工程学报,2023,42(11):2682-2693.
[28] 孔祥松,单仁亮,肖禹航,等.钢管混凝土支架作用下南关矿煤巷变形破坏规律[J].矿业科学学报,2020,5(2):160-168.
[29] 李桂臣,马振乾,张农,等.淮北矿区多次跨采巷道破坏特征及控制对策

研究[J].采矿与安全工程学报,2013,30(2):181-187.
[30] 李桂臣,杨森,孙元田,等.复杂条件下巷道围岩控制技术研究进展[J].煤炭科学技术,2022,50(6):29-45.
[31] 李海燕,张红军,李术才,等.新型高预应力锚索及锚注联合支护技术研究与应用[J].煤炭学报,2017,42(3):582-589.
[32] 李立华.回采巷道注浆锚索式超前支护技术的应用研究[D].徐州:中国矿业大学,2020.
[33] 李鹏,朱永建,王平,等.高水平应力下巷道围岩破坏机理及其控制技术[J].矿业工程研究,2020,35(1):33-40.
[34] 李生亚,严红,裴晖,等.深部向斜构造区煤泥岩巷道围岩变形特征与控制技术[J].煤炭工程,2024,56(7):67-72.
[35] 李为腾,王乾,杨宁,等.钢管混凝土拱架在巷道支护中的发展与现状[J].土木工程学报,2016,49(11):97-114,128.
[36] 李文洲,康红普,姜志云,等.深部裂隙煤岩体变形破坏机理及高压注浆改性强化试验研究[J].煤炭学报,2021,46(3):912-923.
[37] 李向东.清水营煤矿软岩巷道承压强化支护技术研究[D].徐州:中国矿业大学,2020.
[38] 李学彬,杨仁树,高延法,等.杨庄矿软岩巷道锚杆与钢管混凝土支架联合支护技术研究[J].采矿与安全工程学报,2015,32(2):285-290.
[39] 廖进,兰春晖,吴勇桃,等.红层软岩软化的微-细-宏观界面关联过程与跨尺度级联效应[J].岩石力学与工程学报,2024,43(5):1241-1254.
[40] 刘德军,左建平,郭淞,等.深部巷道钢管混凝土支架承载性能研究进展[J].中国矿业大学学报,2018,47(6):1193-1211.
[41] 刘刚,肖勇卓,朱俊福,等.围岩松动圈理论计算方法的评述与展望[J].煤炭学报,2021,46(1):46-56.
[42] 刘国磊.钢管混凝土支架性能与软岩巷道承压环强化支护理论研究[D].北京:中国矿业大学(北京),2013.
[43] 刘国磊,林芊君,张晓君.高应力巷道钢管混凝土支架支护围岩稳定性分析[J].山东理工大学学报(自然科学版),2017,31(2):13-16.
[44] 刘珂铭,高延法,张凤银.大断面极软岩巷道钢管混凝土支架复合支护技术[J].采矿与安全工程学报,2017,34(2):243-250.
[45] 刘泉声,邓鹏海,毕晨,等.深部巷道软弱围岩破裂碎胀过程及锚喷-注

浆加固 FDEM 数值模拟[J]. 岩土力学，2019，40(10)：4065-4083.
[46] 龙景奎，刘玉田. 预紧力锚杆作用下锚固体协同锚固效应试验研究[J]. 岩石力学与工程学报，2016，35(增刊 1)：2795-2802.
[47] 龙景奎，鲜扬，周金泽，等. 巷道围岩-锚杆-锚索协同锚固结构研究[J]. 采矿与安全工程学报，2023，40(3)：498-506.
[48] 马念杰，马海燕，王银伟，等. 深部大变形巷道支护原理与柔性锚索支护技术[J]. 采矿与安全工程学报，2023，40(5)：957-964.
[49] 孟庆彬，韩立军，张建，等. 深部高应力破碎软岩巷道支护技术研究及其应用[J]. 中南大学学报(自然科学版)，2016，47(11)：3861-3872.
[50] 潘锐，王雷，王凤云，等. 破碎围岩下注浆锚索锚固性能及参数试验研究[J]. 采矿与安全工程学报，2022，39(6)：1108-1115.
[51] 潘锐，王琦，王雷，等. 深井巷道锚注补强力学效应及支护参数研究[J]. 采矿与安全工程学报，2018，35(2)：267-275.
[52] 彭文斌. FLAC 3D 实用教程[M]. 2 版. 北京：机械工业出版社，2020.
[53] 齐红霞，何康，贺相乾，等. 深部近距离煤层群下层沿空留巷切顶锚注一体化控制技术[J]. 煤炭工程，2021，53(9)：42-46.
[54] 孙茂如，程桦，潘锐，等. 深部巷道注浆锚索锚注分析及返修控制研究[J]. 采矿与安全工程学报，2024，41(5)：982-989.
[55] 孙晓明，姜铭，赵文超，等. 深埋软岩巷道高预应力恒阻耦合支护技术及其应用[J]. 中南大学学报(自然科学版)，2023，54(6)：2282-2297.
[56] 唐芙蓉，刘娜，郑西贵. 直墙半圆拱 U 型钢封闭支架控底力学模型及应用[J]. 煤炭学报，2014，39(11)：2165-2171.
[57] 王沉，屠世浩，李召鑫，等. 深部“三软”煤层回采巷道断面优化研究[J]. 中国矿业大学学报，2015，44(1)：9-15.
[58] 王军，黄万朋，左建平，等. 深井交岔点围岩流变扰动效应及钢管混凝土组合支架支护技术研究[J]. 岩石力学与工程学报，2018，37(2)：461-472.
[59] 王军，卢文岩，董晓莉，等. 深部巷道承压环强化复合支护技术与应用[J]. 山东建筑大学学报，2021，36(6)：83-90.
[60] 王军，卢文岩，邢鲁义，等. 软岩巷道交岔点钢管混凝土组合支架支护技术研究[J]. 岩石力学与工程学报，2022，41(3)：573-586.
[61] 王琦，许硕，江贝，等. 地下工程约束混凝土支护理论与技术研究进展

[J]. 煤炭学报,2020,45(8):2760-2776.
[62] 王卫军,范磊,赵志强,等. 基于塑性区控制的巷道围岩支护理论与技术研究进展[J]. 煤炭学报,2024,49(1):320-336.
[63] 王卫军,袁超,余伟健,等. 深部高应力巷道围岩预留变形控制技术[J]. 煤炭学报,2016,41(9):2156-2164.
[64] 王旭锋,陈旭阳,王纪尧,等. 平顶山矿区深部软岩巷道围岩蠕变破坏机制及控制[J]. 采矿与安全工程学报,2023,40(6):1139-1150.
[65] 吴少康,张俊文,徐佑林,等. 煤层群采动下围岩应力演化规律及协同控制技术研究[J]. 煤炭科学技术,2024,52(3):24-37.
[66] 肖禹航. 钢管混凝土锚网喷联合支护试验研究[D]. 北京:中国矿业大学(北京),2019.
[67] 谢和平,周宏伟,薛东杰,等. 煤炭深部开采与极限开采深度的研究与思考[J]. 煤炭学报,2012,37(4):535-542.
[68] 谢龙,张德兵,梁顺. 回采巷道注浆锚索超前支护优化及效果模拟[J]. 采矿与岩层控制工程学报,2022,4(3):50-60.
[69] 谢生荣,王恩,陈冬冬,等. 深部强采动大断面煤巷围岩外锚-内卸协同控制技术[J]. 煤炭学报,2022,47(5):1946-1957.
[70] 谢生荣,岳帅帅,陈冬冬,等. 深部充填开采留巷围岩偏应力演化规律与控制[J]. 煤炭学报,2018,43(7):1837-1846.
[71] 辛亚军,穆利斌. 高应力泥岩顶板巷道围岩失稳特征及控制分析[J]. 采矿与安全工程学报,2017,34(3):519-526.
[72] 徐佑林,刘德成,吴旭坤,等. 强动压“三软”煤层巷道“卸-转-固”围岩控制技术[J]. 煤炭科学技术,2021,49(2):30-37.
[73] 徐佑林,吴旭坤,周波,等. 煤矿巷道再造高强度承载结构快速支护技术及工程应用[J]. 煤炭科学技术,2024,52(2):34-48.
[74] 严红,何富连,徐腾飞. 深井大断面煤巷双锚索桁架控制系统的研究与实践[J]. 岩石力学与工程学报,2012,31(11):2248-2257.
[75] 杨冰. 深井软岩巷道钢管混凝土支架支护特性与应用研究[D]. 徐州:中国矿业大学,2021.
[76] 杨秀章,李秀明,李元振,等. 基于精细化数值模拟的软岩巷道支护方案优化[J]. 矿业研究与开发,2020,40(11):96-100.
[77] 袁超,张建国,王卫军,等. 基于塑性区分布形态的软弱破碎巷道围岩控

制原理研究[J].采矿与安全工程学报,2020,37(3):451-460.
[78] 袁亮,薛俊华,刘泉声,等.煤矿深部岩巷围岩控制理论与支护技术[J].煤炭学报,2011,36(4):535-543.
[79] 臧龙,谢文兵,荆升国,等.孤岛煤柱下破碎软岩巷道支护技术研究[J].煤炭科学技术,2014,42(3):8-11,16.
[80] 张爱军,张广杰,王文.综放工作面超前支护区自承压支护技术研究[J].能源与环保,2023,45(7):273-279.
[81] 张剑,李洪宾,刘爱卿,等.深部采动影响区巷道围岩控制技术[J].煤炭工程,2022,54(11):18-23.
[82] 张晓楠.钢管混凝土拱架力学性能与模型试验研究[D].北京:中国矿业大学(北京),2019.
[83] 张占涛.预应力全长注浆锚索受力特征及工程应用[J].煤炭科学技术,2022,50(4):99-105.
[84] 赵呈星,李英明,刘刚,等.深部软岩巷道围岩支护技术研究[J].煤炭科学技术,2022,50(4):76-84.
[85] 赵卫平,何宇翔,徐国正,等.钢管混凝土支架节点压弯承载性能数值模拟[J].煤炭学报,2024,49(增刊2):647-658.
[86] 赵伟,傅航,宋彦琦,等.过断层巷道围岩破坏机制及支护优化[J].矿业研究与开发,2021,41(7):129-134.
[87] 中国煤炭工业协会.2024煤炭行业发展年度报告[EB/OL].(2025-04-09)[2025-04-10].https://baijiahao.baidu.com/s?id=1829004168431177757&wfr=spider&for=pc.
[88] 朱柳.高家堡煤矿高水平应力作用下巷道围岩变形研究[J].工矿自动化,2017,43(11):58-62.
[89] 左建平,刘海雁,王军,等.深部巷道主被动全空间协同控制技术及工程应用[J].煤炭科学技术,2023,51(7):255-267.
[90] 左建平,刘海雁,徐丞谊,等.深部煤矿巷道等强支护力学理论与技术[J].中国矿业大学学报,2023,52(4):625-647.
[91] 左建平,文金浩,刘德军,等.深部巷道等强支护控制理论[J].矿业科学学报,2021,6(2):148-159.
[92] CHANG X, LUO X L, LIU G S. A concrete-filled steel tubular yieldable support for a tunnel within deep soft rock[J]. International

journal of geomechanics,2022,22(7):04022093.

[93] CHANG X,LUO X L,ZHU C X,et al. Analysis of circular concrete-filled steel tube (CFT) support in high ground stress conditions[J]. Tunnelling and underground space technology,2014,43:41-48.

[94] CHEN B,ZUO Y J,ZHENG L L,et al. Deformation failure mechanism and concrete-filled steel tubular support control technology of deep high-stress fractured roadway[J]. Tunnelling and underground space technology,2022,129:104684.

[95] HUANG W P,GOLSANAMI N,ZHANG C G,et al. Assessment of long-term large deformation in deep roadways due to roof fracturing impact loading[J]. Scientific reports,2023,13:3846.

[96] HUSTRULID W A,BULLOCK R L. Underground mining methods: engineering fundamentals and international case studies[M]. [S. l.]: Society for Mining Metallurgy,2001.

[97] JIANG B,QIN Q,WANG Q,et al. Study on mechanical properties and influencing factors of confined concrete arch in underground engineering with complex conditions[J]. Arabian journal of geosciences, 2019,12(21):662.

[98] JIAO Y Y,SONG L,WANG X Z,et al. Improvement of the U-shaped steel sets for supporting the roadways in loose thick coal seam[J]. International journal of rock mechanics and mining sciences,2013,60: 19-25.

[99] KANG H P,GAO F Q,XU G,et al. Mechanical behaviors of coal measures and ground control technologies for China's deep coal mines: a review[J]. Journal of rock mechanics and geotechnical engineering,2023, 15(1):37-65.

[100] LIU Z L,MA Z G,KAZANIN O I,et al. Deformation control technology of gob-side entry retaining with large volume CFST roadway side support in top-coal caving longwall and stability analysis: a case study[J]. Applied sciences,2023,13(15):8610.

[101] LU W,SUN H B. Study on support characteristic curve of concrete-filled steel tubular arch in underground support[J]. Structures,2020,

27:1809-1819.
[102] MENG B, YIN Q, JING H W, et al. Stability control of deep-buried roadways using large deformation and increasing resistance anchor cables[J]. Journal of Central South University, 2024, 31(2): 558-575.
[103] PAN R, WANG Q, JIANG B, et al. Failure of bolt support and experimental study on the parameters of bolt-grouting for supporting the roadways in deep coal seam[J]. Engineering failure analysis, 2017, 80: 218-233.
[104] TAN X J, CHEN W Z, LIU H Y, et al. A combined supporting system based on foamed concrete and U-shaped steel for underground coal mine roadways undergoing large deformations[J]. Tunnelling and underground space technology, 2017, 68: 196-210.
[105] XIE S R, GAO M M, CHEN D D, et al. Stability influence factors analysis and construction of a deep beam anchorage structure in roadway roof[J]. International journal of mining science and technology, 2018, 28(3): 445-451.
[106] XIE S R, LI H, CHEN D D, et al. Stability analysis and control technology of the sump-surrounding rock under a 1200-m-deep goaf: a case study[J]. Scientific reports, 2023, 13: 9842.
[107] ZHANG J P, LIU L M, CAO J Z, et al. Mechanism and application of concrete-filled steel tubular support in deep and high stress roadway [J]. Construction and building materials, 2018, 186: 233-246.
[108] ZUO J P, LIU H Y, LIU D J, et al. Theoretical analysis and numerical simulation on the coupled support technology of concrete-filled steel tube and bolt-cable in deep roadway[J]. Journal of Central South University, 2023, 30(1): 257-275.